LE PETIT LIVRE DES CHATS
ちいさな手のひら事典
ねこ

LE PETIT LIVRE DES CHATS
ちいさな手のひら事典
ねこ

ブリジット・ビュラール＝コルドー

目次

千と一匹のねこ	8
起源	12
種	14
家畜化	16
エジプトの聖なるねこ	18
アジアの伝説	20
ヨーロッパの伝説	22
中世のねこ	24
ねこと魔女	26
民間信仰	28
ことわざ	30
お守りとしてのねこ	32
ねこと妖精	34
ねこと女性と月	36
有名人のねこ	38
ねこ嫌い	40
有名なねこ	42
詩	44
フランス文学	46
外国文学	48
ねこと作家	50
童話	52
長靴をはいた猫	54
歌	56
童謡	58
絵画	60
彫刻	62

映画	64
音楽のミューズ	66
ねこと音楽	68
マンガのねこ	70
広告	72
小さな野獣	74
捕食動物	76
ねこの毛	78
ねこと女性	80
ねこと子ども	82
母性本能	84
犬とねこ	86
ねこの目	88
目つき	90
夜目	92
当主	94
ボディランゲージ	96
ボーカルランゲージ	98
鳴き声	100
喉を鳴らす	102
眠り	104
グルーミング	106
五感	108
第六感	110
子ねこのグルーミング	112
子ねこの誕生	114
初めての遊び	116
狩りの練習	118

けんか	120
子ねこの成長	122
ねことの対話	124
屋外での生活	126
室内での生活	128
家の中	130
繊細な舌	132
ねこと植物	134
孤独	136
血統書	138
コンクール	140
シルエット	142
毛の色	144
純血種	146
純血種の歴史	148
エキゾチックなねこたち	150
ペルシャ	152
シャム	154
アンゴラ	156
シャルトリュー	158
バーマン	160
ヨーロピアンショートヘア	162
ノルウェージャンフォレストキャット	164
メインクーン	166
ねこの健康	168
21世紀のねこ	170
参考文献・引用文献	172

千と一匹のねこ

ねこのイメージ

　彫刻家、画家、イラストレーター、写真家、映画監督……。ねこはあらゆるアーティストのインスピレーションの源です。長年、芸術家たちはエレガントで、滑稽で、比類のないこの動物の姿を興味津々に眺め、絵に描いてきました。こうして、作家セリーヌによって「魔力」と形容されたねこの優雅さを、ジャン＝ジャック・バシュリエ、テオフィル＝アレクサンドル・スタンラン、モーリス・ドニ、ピカソ、レオノール・フィニらが作品で不朽にします。

　ねこの体は、その時その時の姿勢やしぐさで刻々と変化します。完全な円または半円を描いて丸くなったり、スフィンクスの不動のポーズを取ったり、ひっくり返っておなかを見せたり。こうしたしぐさは周囲に対する完全な信頼の証です。眠りの神の腕に抱かれてぐっすり眠っている時、背を丸め、足をきっちりそろえてすましている時、おなかをなめて毛づくろいをしている時、果たしていかなる気配を感じたものやら、すばやく視線を周囲に走らせます。どこかに羽虫でもいるのでしょうか。単に窓から差し込む陽光にほこりが舞っているのでしょうか。ねこは人間には聞き取れないかすかな物音にも反応し、耳が風見鶏のように反転します。狩人としての本性が即座に目覚め、うずくまり、飛びかかり、身を翻し、捕まえ、パンチを繰り出し、打ちのめし、とどめの一撃！ これは現実、それとも夢……。

「トラをなでる」

　周囲の様子をうかがおうと後ろ肢で立ちあがるねこは、ライオンかヒョウかジャコウネコを思わせます。『La Comédie Des Animaux（動物喜劇、1862年）』におけるジョゼフ・メリーの表現を借りれば、ねこは日々「トラをなでる」ことを夢見る人の密かな欲望を満たしてくれるのです。しなやかで敏捷な動きで、思いもよらない姿勢をさまざまに取るねこ。獲物を狙う時は集中から行動へ。人や風景を眺めている時は観察から瞑想へ。そんな時でさえ、内に秘めた自分の世界を離れることはなく、その秘密を人に明かすこともありません。ねこは現実と虚構の2つの世界を常に行き来しているかのようです。だからこそ、古代エジプト人は、ねこを神のように崇めたのではないでしょうか。

「ダイヤモンドのように輝く瞳」

　2004年、男性と飼いねこを一緒に葬った墓が、キプロス島で発見されました。ねこを飼う習慣は、今から1万年前、愛の女神アフロディーテ誕生の島から生まれたのです！　古代からねこが人間と生活を共にするようになった理由の1つは、疫病をもたらすねずみを家から駆逐する狩人としての才能にあります。やがて、人間はねこを抱いてなでる喜びを見出し、ねこは子どもに抱かれても嫌がらなくなりました。しかし、ねこが完全に人間社会に同化できたわけではありません。中世ヨーロッパでは、ね

こは悪魔の手先、または魔女の友と見なされ、忌み嫌われ、火あぶりにされたものです。当時の人々は、鋭い爪を出し、毛を逆立て、目をむいてうなる動物という、今日私たちが抱いているものとは大きく異なるイメージに取りつかれていて、特に黒ねこに対しては容赦ありませんでした。

　悪魔と同一視された暗黒の時代を経た後、ねこは名誉を回復し、ペットとしての地位を確立します。18世紀初め、フランソワ＝オーギュスタン・ド・パラディ・ド・モンクリフは、「社会の中で、劇場、散歩、ダンスホール、そしてこのアカデミーにおいてさえ、ねこはその地位を認められるだけでなく、むしろ求められるようになるだろう」と書き、アカデミー・フランセーズ会員の失笑を買いました。しかし、彼には先見の明があったのです。やがて、ねこは自然学者ビュフォンの『ビュフォンの博物誌』をはじめとする科学的研究の対象になり、次いで、シャルル・ペロー、ヴィクトル・ユーゴー、ボードレール、エドガー・ポー、テオフィル・ゴーティエ、モーパッサン、コレットといった文人が、ねこの物語を書き、同時代人の心を捉えます。

広告の中のねこ

　クレヨンの色とタッチを生かす、ペン画でミステリアスな雰囲気を強調するなど、イラストレーターたちはさまざまな手法を用いて、粋でいたずら好きでずる賢く、チャーミングで人懐っこいねこの絵を描いてきました。本書に掲載したクロモカードをご

覧いただくとわかるように、ムニエのチョコレートからホフマンのデンプンまで、広告の中のねこは、さまざまな製品のスポークスマンとして重要な役割を担っています。きれいなご婦人方の間でおとなしくしているねこ、子どもたちと一緒になってふざけるねこ、庇護者のようにやさしい目で見つめるねこ……、クロモカードに描かれたねこは、いずれも見る人の共感を誘い、時を越えた魅力で製品の宣伝に貢献しています。

21世紀のねこ

　ねこは21世紀を代表する動物と言ってよいでしょう。今日、フランスでは、ねこは犬よりも人気があり、飼い犬の数が780万匹であるのに対して、飼いねこは1070万匹を数えます。

　ねこは、動物行動学者からきわめて人間に近い動物だと考えられており、まさにこれこそが、18世紀に、フランソワ=オーギュスタン・ド・パラディ・ド・モンクリフが、想い描いていた夢でした。「飼いねこに、よき友人、素晴らしいパントマイム役者、生まれながらの占星術師、完璧な音楽家、才能と霊感のすべてを感じられないとは何ということか。しかし我々は、黄金時代にも匹敵する新しい世紀がいつ訪れるのかまだ知らないのだ」。この、まだ見ぬ黄金時代には、思慮に基づいた真実のねこのイメージが定着していることでしょう。本書が、我々の貴重な友人であるねこを、僻目(ひがめ)ではなく、闇を貫くねこの目のごとく、ありのままに正しく見る一助になれば幸いです。

起 源

どこにいても自宅にいるかのようにくつろぎ、
どこからでも入ってきて、音もなく去っていく、
静かなる徘徊者

ギ・ド・モーパッサン

　ねこは、今から3400〜2500万年前にさかのぼる漸新世に生息していた肉食獣の仲間。この時代、ねこは大きく2種類に分かれていました。オオヤマネコまたはヒョウほどの大きさのニムラウス科と、いわゆるネコ科です。

　スミロドンは、おそらく人間が接した最初のネコ科の動物です。スミロドンが生きていた時代は長く、今から2300万年前の中新世に既に存在していたと言われます。祖先はアメリカ大陸に生息し、短い尾と屈強な四肢を持つトラに似た動物で、サーベル状の犬歯は長さが20cmもありました。米国カリフォルニア州ランチョ・ラ・ブレアで100万年前の化石が発見され、現在、その標本が、パリの国立自然史博物館に、ニムラウス科のユースミルスの骨と一緒に展示されています。3400万年前に生息していた原初のねこは、ピューマぐらいの大きさで、それほど速くは走れませんでしたが、大きな犬歯は強力でした。今日のねこの祖先はすべてアジアが原産で、300〜100万年前の鮮新世・更新世の時代に、獲物の豊富なステップやサバンナに生息していましたが、その後、世界中に広がります。

種

粗野な者はねこの優れた性質を理解しない

シャンフルーリ

　長年、イエネコの原種は、ヤマネコ*Felis silvestris*の一種だと考えられてきました。実際、ヤマネコは、えさにつられて人間に飼われるようになります。家畜化の最初の痕跡が認められるのは、リビアのリビアヤマネコ*Felis silvestris libyca*と、パキスタンのステップヤマネコ*Felis silvestris ornata*で、今も野生の状態で生息しています。
　今日、3大陸にまたがる以下の3種がイエネコの祖先であると考えられています。

* ヨーロッパ系：ヨーロッパヤマネコ*Felis silvestris silvestris*。ヨーロッパ大陸全体(トルコ東部を含む)に生息
* アジア系：ステップヤマネコ*Felis silvestris ornata*。西南アジア、イラン、パキスタン、インドに生息
* アフリカ系：リビアヤマネコ*Felis silvestris libyca*。北アフリカからアラビア半島にかけて生息

家畜化

「ねこの波長」を感じ取れるかどうかで、
その人がねこ族(フェラン)であるかどうかがわかる。
つまり、Fに生まれついているかということが(フェラン)

フェルナン・メリー

　最初に家畜化された動物は犬です。犬の家畜化は、人間が草原で狩りをしている時代に始まりますが、ねこの家畜化は、農耕が行われ、定住生活をするようになってからのこと。ハンターとしての才能を見込まれ、ねずみを退治する目的で飼われるようになりました。長年、ねこの家畜化は、新石器時代（紀元前9000〜3300年）に始まると考えられていましたが、2004年、キプロス島シルロカンボス遺跡で、人間とねこを一緒に埋葬した墓が発見されて以来、それ以前にさかのぼることが明らかになります。つまり、ねこと人間のつきあいは、古代エジプト以前の1万年前、愛の女神アフロディーテが誕生した島から始まったのです！

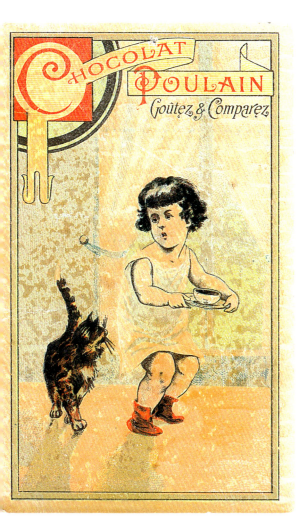

エジプトの聖なるねこ

物思いに沈むねこの高貴な姿は
寂寥の底に横たわるスフィンクスのよう

シャルル・ボードレール

　エジプトでは、ねこは神さまで、王や高官だけが飼うことを許されていました。エジプト第11王朝時代（紀元前2134〜1991年）、ねこはテーベのメントゥヘテプ2世のお気に入りでした。他にも、ねこを愛でたエジプト人はたくさんいます。アメンホテプ3世（紀元前1408-1372）の妃ティイ、アメンホテプ4世（紀元前1372-1354）の長兄、トトメス王子などです。第12王朝時代（紀元前1991〜1785年）、エジプト人は、ヘリオポリスのアモン神殿に捧げるねこを飼育していました。有名な『死者の書』にも、太陽神ラーと共にヘリオポリスで暮らす大きなねこが登場します。ねこの人気はアメンホテプ4世の治世にさらに高まり、神の化身、女神バステトとして霊廟に祀られます。バステトは、ねこの頭と人間の体を持つ愛と生殖のシンボルで、ブバスティスとサッカラの町で最も崇められ、神殿まで建てられました。しかし、エジプト人のねこ崇拝は、それだけにとどまりません。人間と同じ方法でねこもミイラにしています。

アジアの伝説

疑い深くもやさしい、静かなる思索者よ。
2つの類まれな美徳を兼ね備えたものに栄光あれ

ジュール・ルメートル

　アジア人は、ねこによいイメージを持っていて、お守りにもしています。ねこには超感覚的知覚があるとされ、例えば、日本の船乗りは、マストに登った三毛ねこが、波間に漂う遭難者の魂を船から遠ざけてくれると信じています。アジアの伝説によると、ねこには独自の哲学があり、仏陀の死を悼んですべての動物が遺体の周りに集まった時も、ねことヘビだけは賢人の不死を信じて泣かなかったのだそうです。インドネシアの伝説は、ビルマの聖なるねこ、バーマンの起源を語っています。昔、耳と尾と鼻と四肢の先だけは土の色で、他は真っ白のシンという名のねこが、サファイア色の目をした女神ツン・キャン・クセに仕えていました。高僧ムンハが死んでその魂が動物の体に乗り移ることになった時、選ばれたのがシンでした。僧の魂がねこの体に入ると、ねこの目は女神の目と同じ、大きくて深い青に変わります。以来、ねこを殺すことは禁じられ、もし殺した場合は一生苦しみ続けなければなりません。

ヨーロッパの伝説

私がねこと戯れている時、
実はねこのほうが私を相手に
遊んでいるのではなかろうか

ミシェル・ド・モンテーニュ

　伝説によると、英国とアイルランドの間にあるマン島に住むねこのマンクスは、ノアの箱舟に乗る時に尾をなくしたと言われています。ねこが飛び乗ろうとしているのに、ノアが船の揚げ板を閉めたため、しっぽが挟まれてしまったのです。大洪水には、ねこに関する別の言い伝えがあります。箱舟に乗っていたライオンがくしゃみをした瞬間に、ねこが生まれたというものです。ロシア文学には、賢くて抜け目のないねこがたくさん登場しますし、ポーランドの伝説は、春に芽吹くヤナギの穂の由来を説明しています。川に子ねこを投げ捨てられ、泣き叫んでいる母ねこの声を聞いたヤナギは、その長い枝を差しのべて子ねこを救います。以来、5月が来るたびに、ヤナギの木は枝に子ねこのしっぽみたいなふわふわの花穂をつけるようになりました。

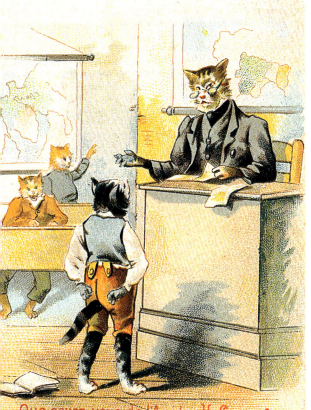

中世のねこ

学問と逸楽の友であるねこは、
沈黙と不気味な暗闇を探し求める

シャルル・ボードレール

　ねこが神格化されていた古代エジプトと異なり、中世ヨーロッパでねこは、悪魔の化身、魔女の仲間として迫害を受けます。11世紀末、カトリック教徒は、二元論的世界観に基づく異端のカタリ派を、悪魔の手先として弾圧しました。その際、「清浄」を意味するギリシャ語catharesに由来する「カタリ」が、「ねこ」を意味するラテン語のcatusに意図的に読み替えられます。この時代、ねこの大虐殺は珍しくありませんでした。忌み嫌われ、こきおろされ、虐待されたねこは、夏至の日に祝祭をあげて火あぶりの刑に処されます。歓喜に沸く群集の前で、ねこたちは塔の上から投げ落とされました。ねこ嫌いを自負する町もあり、1733年にフランス北東部のメッス、1817年にベルギー西部のイーペルでようやく終わりを告げるまで、ねこの虐殺は続きました。スコットランドでは17世紀まで、「タイグハーム」と呼ばれる野蛮な悪魔祓いの儀式が行われ、2日間にわたって、ねこは串刺しにされ、こんがり焼かれたのです。

ねこと魔女

わが友よ、すべての生きとし生けるものの中で、
私の内に潜む異様な闇を
おまえほどよくわかってくれるものはいない

モーリス・ロリナ

　ねこと魔女の疑問の余地のない関係は、魔女裁判の記録に最もよく表れています。多くは黒ねこで、悪魔の手先とされていました。1556年、ドイツのベルクハイムで、アンナ・ウィンケルジプフェルは、黒ねこの毛皮を身にまとって、ジャック・ポターという人物の寝室に忍び入った罪で火あぶりの刑に処されます。フランスのアルザス地方のオベルネ村では、老女たちが夜な夜な黒ねこになって家畜小屋に忍び込み、家畜を殺したと言います。ジャンヌ・ボイユは、大きな黒ねこに変身した悪魔と関係を持ったため、1620年にヴズールで処刑されます。17世紀の木版画には、ねこを連れてサバトに出かける魔女たちの姿が描かれています。この時代、ねこは、ほうきにまたがって乱痴気パーティに出かけるとも信じられていました。どんな毛の色であっても、ねこは歓喜に沸く群集が見守る中、積みあげた薪の上で生きたまま焼かれ、魔女と同じ運命をたどったのです。

民間信仰

ねずみがねこを食べた日には、
王はアラスの領主さま
ことわざ

　ねこにまつわる謎は、数々の迷信や民間信仰を育みます。20世紀初め、ポール・セビヨは、動物に関連する膨大な数の言い回しや伝統、寓話を『Le Folklore de France（フランスの民間伝承、1904〜1906年）』にまとめました。中でもねこは、フランスの地方ごとに頻繁に登場します。ヴォージュの人々は、元日にねことすれ違うと、その年は365日不幸が続くと言い、ノルマンディの人々は、用があって出かけた時にねこを見たら、即座に来た道を戻るよう勧めます。プロヴァンス地方では、朝、遊んでいる子ねこを見かけたらその日は台なしで、ブルターニュ地方では、例え眠っていても、ねこがいる前で秘密を明かしてはいけません。あっという間に話が広まります。もしアンジュー地方のパン屋にねこが入っていったら、パン種はゴミ箱行き。生地がうまく発酵しないか、焼け過ぎになるかのいずれかです。また、5月生まれのねこにも要注意。15世紀にさかのぼる民間信仰を収集した書物にも、「5月のねこのように縁起が悪い」という表現が出てきます。

ことわざ

寝ているねこを起こしてはならない
ことわざ

　ねずみ退治にかけて、ねこの右に出るものはいません。これはねこの性(さが)で、「ねこに生まれたものは、ねずみのあとを追う」のが宿命です。ねことねずみを組み合わせた表現はたくさんあります。「手袋をつけてねこはねずみを捕れない(慎重を期していては何もできない)」とか「よいねこにはよいねずみ(敵もさるもの好敵手)」が挙げられます。多くのイラストレーターにインスピレーションを与えたことわざ「ねこがいないとねずみが踊る」は、「ボスがいない間に羽を伸ばして気晴らしをする」の意。注目されるのは、西インド諸島でクレオル語を話す人も、イエメン出身のユダヤ人も同様の表現をすることです。賢い庶民がねこに見るのは、狩りの腕前だけに限りません。「醜い牝ねこにハンサムな牡ねこ」は、見た目の美しさよりも人間(ねこ)としての魅力が大事と説きます。ビジネスの世界でもねこは健在です。「袋に入ったねこを買ってはならない」は、契約を結ぶ前にはよく確認するように、「子ねこであっても引っかかないねこはいない」は、相手がどんなに小さくても害のない敵はいないと注意を促しています。

お守りとしてのねこ

何と、人はねこをなでることができるというのに、
生きていることを嘆くとは！

テオフィル・ゴーティエ

　崇拝者にとって、ねこは魂を守り、平穏を保ってくれるお守りのような存在。アラブ人にとって、ねこは純粋な存在、犬は不純な存在です。中国には、ねこの姿で現れる神さまがいますし、インドでサスティーと呼ばれる豊穣の女神は、頭がねこで体が人間の、古代エジプトで崇められた愛と生殖の女神バステトによく似ています。また、日本の招きねこについても触れておかなければなりません。招きねこは前肢を片方あげているねこの置物で、あげているのが右肢ならば福を、左肢ならば大金を授けてくれるのだそうです。

ねこと妖精

ミルーは神々の言葉を話し、
 折節(おりふし)の詩を語ったものだ

ジャン・ロラン

　謎めいた雰囲気と機転によって、ねこは魔法とファンタジーの世界でも大活躍。不幸を招く魔女の友として、人間の運命を狂わせる悪い妖精カラボス(紡ぎ針でオーロラ姫を眠らせてしまいます)ともつきあいがありますが、それも致しかたないでしょう。グリム童話に登場するねこは、たいてい年老いた恐ろしい魔女のイメージで、やさしく善良な妖精のイメージとはかけ離れています。例えば、「ヨリンデとヨリンゲル」の魔女の女王は、まるでねこかフクロウのよう。ただし、ねこは災いの動物と必ずしも決まっているわけではありません。賢くて抜け目がなく、独自の哲学を持っているねこは、善意にあふれる守り神でもあります。セギュール夫人の童話「いい子のアンリ坊や」では、ねこが言葉を尽くしてくれたおかげで、アンリ坊やは、危険な旅に出る決心をしますが、仙女の予言どおり、坊やはすっかりたくましくなって帰ってきます。

ねこと女性と月

肉がねこのものではないなんて、
私にはとても納得できなかった
モーリス・ジュヌヴォワ

　古代エジプトで崇められた、頭がねこで体が人間のバステトは月の女神です。1世紀にギリシャの著述家であるプルタルコスは、『エジプト神イシスとオシリスの伝説について』の中で、女神イシスと月の関係について論じました。それによると、妊娠のプロセスには牝ねこが関係しているのだそうです。古代、ねこは生涯で7回おなかが丸くなり、28匹の子ねこを生むと考えられてきましたが、この数字は月経が続く期間と太陰月の日数に一致します。

　女性と月と牝ねこの関係は、芸術、特に建築の分野に認められ、月のように丸いねこの頭を装飾にした建造物があります。フランス南西部アルビに近いレスキュールにある、ローマ・ベネディクト会派のサン・ミシェル教会(1150年)がその例で、正面扉のフリーズには、1日の時間数に相当する24のねこの頭が並んでいます。

有名人のねこ

王子は、自分がねこでないのを残念に思うことがあった。
ねこだったら、いつまでもこんなふうに
仲睦まじく暮らせるだろうに

オルノワ夫人

　歴史の中で、ねこは、世界の偉人から大変かわいがられてきました。ルイ14世とルイ15世の時代、宮廷の女性は、ねこを連れて歩いたものです。ルイ15世の妃マリー・レクザンスカ、ルイ14世の義理の娘メーヌ公爵夫人、モンテスパン侯爵夫人、オルレアン公の妃リーゼロッテ、ヴォルテールらと交遊のあったデファン侯爵夫人が、偉大なるねこ陛下に親愛の情を捧げました。リシュリュー枢機卿は、最愛のルシファーを筆頭に、変わった名前のねこを何匹か飼っていました。また、ねこは著名な政治家を陰で支えていました。クレマンソー、ポアンカレ、チャーチル（財産の一部を愛猫ジョックに遺したと言います）をはじめ、ド・ゴール将軍も飼っていたねこを愛してやみませんでした。米国の大統領もその例にもれません。エイブラハム・リンカーンは、母ねこを亡くしておなかをすかせ、やせこけた3匹の子ねこを引き取り、セオドア・ルーズベルトは、ホワイトハウスの晩餐会でペットのスリッパーズをゲストに必ず紹介したものです。ジョン・F・ケネディは、トム・キトゥンの前では常に相好を崩し、ビル・クリントンが飼っていたソックスは、マスコミでも有名でした。

ねこ嫌い

よいねこにはよいねずみ
ことわざ

　当然、ねこをよく思わない有名人もいました。シーザーやナポレオン、王室つき外科医アンブロワーズ・パレ、シャルル9世、アンリ2世は、ねこが大嫌い。教皇グレゴリウス9世やルイ12世、作家のラ・フォンテーヌとヴォルテール、博物学者ジョルジュ・キュヴィエもねこ嫌いで有名です。18世紀の人は、ねこを好意的な目で見ていましたが、ビュフォン(1707‐1788)は、「ねこは不実な動物で、人間にとってねこ以上に迷惑で家から追い払えない敵(ねずみ)を退治するためだけの目的で飼われている」と、『ビュフォンの博物誌』の中で皮肉たっぷりに評しています。さらに、ねこは「泥棒の常習犯」「生まれながらの悪党」で、「偽りの性格と邪まな資質は、年を取ってもしつけによっても改まらない」と辛らつ極まりません。また、書いていることと実際が異なる文人もいます。詩人ロンサールは、ねこ嫌いと言ってはばかりませんでしたが、家ではねこを数匹飼っていました。ねこが嫌いなモーパッサンも、なでるのは好きだったそうです。

有名なねこ

ねこに関して私が愛してやまないのは、
恩知らずとも言えるほど独立心が強く、
誰にもこびない性格だ

フランソワ゠ルネ・ド・シャトーブリアン

　有名人が飼っていたねこの名前を集めてみました。ベネチアの画家ヤーコポ・バッサーノ(1510-1592)が称えたねこはメネゲット。同時代、デュ・ベレー(1522-1560)は、ベローという名のシャルトリュー種のねこに詩を捧げました。リシュリュー枢機卿(1585-1642)は、ねこをたくさん飼っていて、ピュラモス、ティスベ、ガゼット、従順、かつら、ラカン、ウミウシ、イブキジャコウソウ、ルシファーと風変わりな名のものばかり。教皇レオ12世の愛猫ミチェット(イタリア語で「子ねこ」の意)は、教皇の死後、シャトーブリアン(1768-1848)に引き取られました。1829年、このロマン派の大作家は、レカミエ夫人に宛てた手紙で、「哀れな教皇のねこが私の家に連れてこられました。全身灰色のやさしいねこで、亡き主人を彷彿させます」と記しています。その他、コレット(1873-1954)の牝ねこサア、ピエール・ロティ(1850-1923)の「Vies de deux chattes(2匹の牝猫の生活)」における、白ねこムームーヌと中国のねこムムットを忘れるわけにはいきません。最近では、フィリップ・ラグノー(1917-2003)が、飼いねこムーンヌを小説に登場させています。

LA TENTATION, Rue de Laeken, 23

詩

神秘的で気むずかしいねこたちは、
神さまのおっしゃることさえ聞こうとしなかったが、
神さまはほほえんでいらした [...]

フランシス・ジャム

　これまでに数々の詩がねこを賞賛してきました。ねこの気品と優雅さは、文学に照らされて、プリズムのように美しく輝いています。1558年、ジョアシャン・デュ・ベレーは、シャルトリュー種のベローという名のねこに詩を捧げました。「小さくてもライオンの鼻づら／まわりに生えた／銀のひげ／不ぞろいの毛に守られた／伊達男の顔」。300年後、シャルル・ボードレールは、『悪の華(1861年)』で数篇の詩をねこに捧げ、ねこの美しい毛並み、しなやかな体、「人を陶酔の境地に誘う」声を称えました。散文詩集『パリの憂鬱(1861〜1862年)』にもねこを詠った詩があり、詩人はねこに永遠を見ていたようです。ねこに捧げられた詩の多くは軽快な調子です。例えば、エドモン・ロスタンの『Les Musardises(手すさび、1911年)』では、「それはちびの黒ねこ、まったく厚顔無恥なやつ」と記されています。パブロ・ネルーダは『Ode au chat(猫に捧げる頌歌、1959年)』でねこを賞賛し、ポール・エリュアールは、『Les Animaux et leurs hommes, les Hommes et leurs animaux(動物たちと彼等の人間たち、人間たちと彼等の動物たち、1920年)』で素晴らしい詩を書きました。「ねこがダンスを踊るのは／牢獄を離れるため／ねこの考えが及ぶのは／目と鼻の先まで」

フランス文学

ねことつきあえば人生が豊かになる
コレット

　ねこは、いつの時代でも作家と詩人のインスピレーションの源でしたが、フランス文学に初めて登場するのは、17世紀のこと。リシュリュー枢機卿が、ねこを何匹も飼って、その熱愛ぶりが公になると、ねこと主人の間には友情が生まれると考えられるようになり、ねこは、ジャン・ド・ラ・フォンテーヌ（1621-1695）の『寓話』に繰り返し登場します。18世紀には、フランソワ＝オーギュスタン・ド・パラディ・ド・モンクリフ（1687-1770）が、『Histoire des chats（ねこの歴史）』を出版し、中世に迫害されていたねこの名誉を回復させます。19世紀、シャンフルーリ（1821-1889）は、ドラクロワ、ヴィオレ・ル・デュク、メリメの挿絵入り『Les Chats（ねこ、1869年）』を出版して成功を収めました。20世紀になっても、ねこに対する作家の関心は冷めません。ジャン・ロラン（1855-1906）の『Le Chat de Babaud Monnier（バボー・モニエのねこ）』には、人間のようにしゃべるねこが登場。同時代、ピエール・ロティ（1850-1923）は「Vies de deux chattes（2匹の牝猫の生活）」を執筆し、『牝猫』「踊り子ミツ」「動物の平和」の作者コレット（1873-1954）は、ねこの心理描写に最も長けた作家だと評されました。今日、ねこの物語は、フィリップ・ラグノーの『黒猫 ムーンヌ──ようこそ！ わが家へ（1983年）』で新しい読者を獲得しています。

外国文学

学問を積んだねこともなれば、
訳のわからんことを無理やり叩き込まれた少年より
おもしろいからな［…］

エルンスト・テオドール・アマデウス・ホフマン

　スペイン文学に出てくるねこは、悪賢くて怠けもの。イタリア人作家が書くねこは、共感を誘います。また、英文学では気まぐれな動物で、ドイツ人作家の手にかかると哲学的に。書く人の国が変われば、物語に登場するねこも変わるというわけです。19世紀初め、ドイツ人エルンスト・テオドール・アマデウス・ホフマンは、『牡猫ムルの人生観(1819、1821年)』で、「あらゆる科学的知見を収められる」ほどの大きな頭を持ち、人語を解するねこを描きました。その時代、アメリカ大陸でも、ねこに対する文学的関心が芽生えます。エドガー・ポーの『黒猫(1843年)』がその例で、ボードレールがフランス語に訳し、1857年『Les Nouvelles Histoires extraordinaires(新奇譚集)』に掲載されました。翻訳は、主人に殺される黒ねこプルートーに忍び寄る呪いを完璧に再現しています。一方、イタリアのねこは、もっと陽気でユーモアがあります。ファビオ・トンバーリの『Il Libro degli animali(動物の書)』では、でっぷり太って、ちょっとおバカで、「ナポレオン」と名づけられたものの、ソファから少しも動こうとしないため、「おっとりさん」と呼ばれるようになる黒い子ねこの様子が、ユーモアたっぷりに描かれます。

ねこと作家

ねこについて書こうと思ったら、
インクびんがいくつあっても足りない

ジャン=ルイ・ユー

　ねこは作家の想像力を呼び覚まし、インスピレーションを与えます。物静かなねこは、作家の静かな世界を乱すことはなく、ねこの幸せが伝播して新しい考えが芽生えることも。文人とねこの間に生まれる相互作用について、テオフィル・ゴーティエは、『Portraits et Souvenirs littéraires（作家の肖像と思い出、1875年）』の中で、「脳内で生まれ、ペン先まで降りてくる新しい考えを、ねこがいち速く察知し、通りがけにひょいと前肢を伸ばして捕まえようとするかのようだ」と語っています。

　ねこを飼っていた作家の多くは、このかけがえのない伴侶に心からの敬意を表しています。1903年、ジャン・ロランは、『Le Chat de Babaud Monnier（バボー・モニエのねこ）』で、ねこ好きの本領をいかんなく発揮。シャトーブリアンやヴィクトル・ユーゴー、テオフィル・ゴーティエ、オノレ・ド・バルザック、アレクサンドル・デュマ、シャルル・ボードレール、エミール・ゾラ、フランソワ・コペ、ピエール・ロティ、ステファヌ・マラルメ、ポール・レオトー、ジャン・ジロドゥ、コレットなど、作家から詩人にいたるそうそうたる面々がねこに首ったけです。

童 話

人間の娘になっておくれ、
そうでなければ僕をねこにしておくれ
オルノワ夫人

　シャルル・ペローの『ペロー童話集(別名、がちょうおばさんの話、1697年)』では、「長靴をはいた猫」が人気です。お話の教訓は「勤勉と実務能力は財産よりも貴い」でした。同年、オルノワ夫人の「La Chatte blanche(白いねこ)」も刊行されます。今日、子どもたちが大好きなねこのお話は他にもあります。1885年、ルイス・キャロル『不思議の国のアリス』にチェシャねこが登場。全身でも体の一部でも、自在に現れたり消えたりできるねこに出会って、アリスは言います。「にやにや笑いをしてないねこなら見たことあるけど、ねこのいないにやにや笑いなんて！」10年後に出版されたのが、ロイ・ブリュイエールの『Les Contes populaires de la Grande-Bretagne(イギリスの昔話)』で、ねこのジブに助けられ、人生が変わる孤児ディック・ウイッティントンの物語が知られています。途方もない短篇を数多く書いたギ・ド・モーパッサンは、『Misti : Souvenirs d'un garçon(ミスティ──独り者の追憶、1884年)』で、ねこは嫉妬深いという持論を展開しています。老婆の話では、飼いねこのムートンが、老婆の恋人に嫉妬して、顔を思い切り爪で引っかいて両目を潰してしまったのだそうです。語りのうまさで、最悪の結末であっても読者は思わず信じてしまいます。

長靴をはいた猫

ご主人さま、悲しむことはございません。
私に袋を1つ、それから長靴を1足いただければ、
あとはお任せください

シャルル・ペロー

　1697年、シャルル・ペローが『ペロー童話集(別名、がちょうおばさんの話)』を出版します。「長靴をはいた猫」では、大きな長靴をはき、食料袋を背負ったねこが大活躍。賢いねこは、まんまと人喰い鬼をだまします。「聞くところによると、鬼はどんな動物にも化けられると言うじゃないか。ライオンや象にも化けられるのかい?」「もちろんだとも。見ているがいい」[…]「おいらにはとても信じられないが、ねずみみたいな小さい動物にも化けられるっていうのは本当かい?」鬼がねずみに化けるや、ねこは、すかさずねずみをパクリ。その上、主人にカラバ侯爵と名乗らせて王の関心を引き、ついにお姫さまと結婚させることに成功するのです。

　ペローの物語には教訓があります。「長靴をはいた猫」では、「困難な状況を切り開く機転と想像力、そして意志の力は、財産にも勝る」と説いています。

MAISON E. GREMAUD, A DOLE

歌

シャ、シャ、シャ、[…]
天井でねずみが3匹、
ねこのバレエを踊っているのが
聞こえない?

トリスタン・クリングソル

　歌、ユーモア、詩、音楽……と、ねこはどこでもひっぱりだこ。フランス語でねこを意味する「シャ」は耳に快く響き、無限の言葉遊びが可能です。音が美しければ、論理は必要ではありません。1950年代、ジャン・コンスタンタンの歌『Le Pacha(パシャ、オスマン帝国の高官の意)』は、「それはねこ、パシャのようなペルシャのねこ」で始まります。ここで重要なのは、音の繰り返しによって生まれる軽やかな響きです。

　歌に登場するねこは、しばしば哲学的。ジャック・ブレルは、『Les Bigotes(狂信女、1962年)』で「信心に凝り固まった女は少しずつ年を取り／犬からねこになる／ああ、狂信女たち」と歌いました。

　人は人生でさまざまな出来事に出会いますが、特に喪に服している時、ねこはいつも私たちのそばにいます。まさにそれが、アンドリュー・ロイド・ウェバー作曲、1981年ロンドン初演のミュージカル『キャッツ』のテーマ。今日なお、多くのミュージシャンが、ねこをテーマにしていて、フランスのアカペラ四重奏グループ、パウワウは「僕はねこになりたいのさ」と歌い、ノルウェンは、アルバムのカバー写真に『不思議の国のアリス』のチェシャねこを用いました。

童 謡

ねこは生まれつき音楽に向いている
フランソワ゠オーギュスタン・ド・パラディ・ド・モンクリフ

　フランス語のねこ(シャ)も歌(シャン)も音がシンプルなので、簡単に口ずさむことができます。単純な音が、古の宮廷詩人たちにインスピレーションを与え、童謡を作曲する時のベースになりました。単音の語はリズムを作り、韻を踏むのに使われ、遊び唄では、同じ単語がライトモチーフとして繰り返し歌われます——「3匹の子ねこ、3匹の子ねこ、3匹の子ねこねこねこ」。童謡の中で、ねこは子どもを楽しませるだけではなく、感受性に直接訴えかけます。例えば、童謡『C'est la mère Michel（ミシェル母さん）』を歌う子どもは、ねこがいなくなったミシェル母さんの深い悲しみに共感します。『Il était une bergère（昔、羊飼いの娘がいましたとさ）』では、チーズを食べてしまったいたずら子ねこが怒った羊飼いの娘に殺されるのを知り、さっきまで笑っていた子どもが泣き出すことも。この歌の作者は、ねこのことを完璧に理解していて、リフレインでねこが喉を鳴らす時の音には、喜びと悲しみが共存しています。

USE NIAGARA STARCH.

絵 画

どんな動物よりも美しく完璧、
ライオンやトラよりもバランスがよい

レオノール・フィニ

　中世、ねこは動物画集に描かれていました。13世紀以降、フェデリコ・バロッチ(1532-1612)が描いた『La Sainte Famille au chat(ねこのいる聖家族)』に代表される宗教画にも登場するようになります。その後、画家は、ねこの敏捷さに注目します。例えば、ジャン＝ジャック・バシュリエ(1724-1806)の『Chat et Papillon(ねこと蝶)』、セシリア・ボー(1855-1942)の『Sita et Sarita(シタとサリタ、別名、少女とねこ)』、モーリス・ドニ(1870-1943)の『セザンヌ礼賛(しょう)』など。画家のもう1つの偏愛の対象は、ピエール・ボナール(1867-1947)の『Dame au chat(婦人とねこ)』に見られるねこと女性です。リチャード・パークス・ボニントン(1802-1828)の『Trois Enfants et un chat(3人の子どもとねこ)』、バルテュス(1908-2001)の『猫の王』、レオノール・フィニ(1908-1996)の『日曜日の午後』のテーマは、子どもとねこの友情。藤田嗣治(1886-1968)の1926年の作品『自画像』のように、画家と一緒に描かれたねこもいます。今日では、素朴派のベルナール・ヴェルクリュイスや動物画のエヴ・オジオルなどが、ねこの絵を描いています。

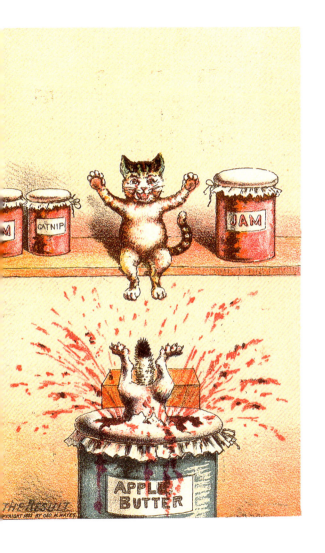

彫 刻

それは、信心深い隠者みたいに暮らしてる
ねこかぶりのねこで、ねこの聖者でした

ジャン・ド・ラ・フォンテーヌ

　ねこの頭をしたエジプトの女神バステトの像を見ると、彫刻家が何千年にもわたって、ねこに関心を寄せてきたことがわかります。フランス南西部アキテーヌ地方で発見された、ラエトゥスの墓（1世紀）をはじめ、ガロ・ロマン時代の彫刻を施した墓には、子どもに抱かれたねこが彫られています。その後、ねこの彫刻は、宗教芸術に頻繁に登場し、アイルランドのモナスターボイス修道院（10世紀）にあるムルダクの十字架の台座にもねこが描かれ、スペインのタラゴナ大聖堂では、最初の柱頭でねずみにかつがれていたねこが、次の柱頭ではねずみを食べています。中世末とルネサンス期、ねこは、ねずみや犬や女性と共に、木に彫られました。19世紀には、アントワーヌ＝ルイ・バリー（1796-1875）やレンブラント・ブガッティ（1884-1916）、テオフィル＝アレクサンドル・スタンラン（1859-1923）の大彫刻家が、ねこを芸術の中心に引っぱりあげます。20世紀には、ヴァルスアニ工房で鋳造されたピカソ（1881-1973）の『Le Chat de bronze（ブロンズのねこ）』、アルベルト・ジャコメッティ（1901-1966）の『Le Chat（ねこ）』など、ねこがモデルの有名な作品があります。今日ではセヴェが知られています。

映 画

その物腰は宮廷と上流社会を見てきた
ねこ特有のものだった

オノレ・ド・バルザック

　20世紀初め、米国ではアニメのねこがスクリーンを席巻します。フィリックス・ザ・キャットです。この黒ねこの人気にアイデアを得て、1935年、ウォルト・ディズニー・スタジオによる『三匹の親なし子ねこ』、1940年以降に『トムとジェリー』が製作されます。1970年、『おしゃれキャット』で、野良ねこのトーマス・オマリー、ダッチェス&3匹の子ねこの物語を映画化するには、32万5000枚のセル画が必要でした。しかし、ねこが本当に映画界で活躍するのは1960年代、『猫に裁かれる人たち（ヴォイチェフ・ヤスニー、1962年）』、シャムねこのテーオが登場する『三匹荒野を行く（ウォルト・ディズニー、1963年）』、『シャム猫FBI／ニャンタッチャブル（ロバート・スティーヴンソン、1965年）』以降です。

　スクリーン上で、ねこはさまざまな役を演じています。ピエール・グラニエ＝ドフェールの『Le Chat（ねこ、1971年）』では、ジャン・ギャバンとシモーヌ・シニョレが、ねこを介して会話を交わし、マーロン・ブランド主演の『ゴッドファーザー（1972年）』ではマフィアの一味で、『スペースキャット（1978年）』ではエイリアンでした。最近では、畑正憲の『子猫物語（1988年）』、セドリック・クラピッシュの『猫が行方不明（1996年）』が知られています。

音楽のミューズ

天上の芸術である音楽は、
まさに我々ねこ族にうってつけではないか

イポリート・テーヌ

　ねこと音楽の関係はとても古く、古代エジプトでは、ねこが、豊穣と愛の神イシスの礼拝に用いるシストルムという打楽器を持っていました。また、楽器製造職人たちは、ねこを楽器にするという何とも奇抜なアイデアを思いつきました。20匹ほどのねこを箱に入れ、鍵盤に結びつけた尾を引っぱっては鳴かせて演奏するのです。こうして誕生した「ねこオルガン」は、19世紀初めまでヨーロッパに存在したと言います。

　ねこは、ジュール・マスネやエドヴァルド・グリーグ、エリック・サティ、アンリ・ソーゲ(ディアギレフのバレエ『牝猫』、1927年)、ダリウス・ミヨー(ピアノ曲『家庭のミューズ』、1943年)など、多くの作曲家にインスピレーションを与えました。作曲家たちもねこの声を音楽的だと思ったようです。ロッシーニの『猫の二重唱』では、ねこの「ニャーオ」という鳴き声が異なるトーンで繰り返され、モーリス・ラヴェルの『子どもと魔法(1919～1925年)』では、音楽が、子ねこや太った牡ねこ、興奮した牝ねこが鳴く声のパロディになっています。

ねこと音楽

楽器とねこの間には、
何か関係があるのではないだろうか
フランソワ=オーギュスタン・ド・パラディ・ド・モンクリフ

　音に敏感なねこは、自分の好みを雄弁に表現します。耳を前に、後ろに、水平に、垂直に動かすことで、ねこがその音を好きか嫌いか容易に察することができます。楽器なら何でもよいというわけではありません。ねこは、明らかにバイオリンの音色が好きです。大嫌いなのが太鼓やホルン、クラリネット。音の高低による好き嫌いもあります。嬰イは、ねこの神経を逆なでし、バイオリンの第4オクターブのミは、ねこをうっとりさせます。アンリ・ソーゲ(1901-1989)のねこ、コディは、主人が演奏を始めるや、床を転げまわったと言います。それがドビュッシーの曲であれば、お気に入りの音楽をもっとよく聴こうとするかのように、ピアノの上に飛び乗って耳を傾けたとか。スカルラッティが飼っていたねこのいたずらの賜物と言われる『猫のフーガ(1729年)』のように、ねこ自身が作曲家になる場合もあります。実際は、スカルラッティのねこは、チェンバロの鍵盤の上を軽やかに走るのが好きで、それが主人にインスピレーションを与えたのだそうです。

マンガのねこ

> 私はうれしいとなり、頭にくるとしっぽを振る
> ルイス・キャロル

　1905年のバンジャマン・ラビエの『Tribulations d'un chat（あるネコの苦悩）』の成功例もありますが、マンガ界におけるねこのサクセス・ストーリーは、1910年の「Krazy Kat（クレイジー・カット）」に始まります。ジョージ・ヘリマンのこのマンガでは、クレイジー・カットの性別は不明で、恋のお相手はイグナッツ・マウス。1920年代、フィリックス・ザ・キャットの作者オットー・メスマー＆パット・サリバンに影響を与えました。1940年代のジョセフ・バーベラ＆ウィリアム・ハンナの『トムとジェリー』以降、ねこは多くのアニメで主人公に。チェイス・クレイグの『トゥイーティー（1942年）』では、ねこのシルベスターが、カナリヤのトゥイーティーを年中追いかけ回します。1950年代、ホセ・カブレロ・アルナルは、『Pif Gadget（ピフ・ガジェット）』で、ねこのエルキュールと犬のピフという名コンビを創造しました。1978年、ジム・デイヴィスが描いたオレンジ色のねこ、ガーフィールドは、世界中で大成功を収めます。10年後、ディズニー・スタジオは、子ねこが主人公の映画『オリバー　ニューヨーク子猫ものがたり』を公開。最近では、フィリップ・グルックの『Le Chat（ねこ、1986年〜）』、コールマン＆デスバーグの『Billy The Cat（ビリー・ザ・キャット、1990年〜）』、ジョアン・スファールの『長老（ラビ）の猫（2002年〜）』が人気です。

広告

人生について、ねこは犬と異なる考えを持っている
オクターヴ・ミルボー

　デンプンのホフマン、タバコのクラヴァン、ワインのデュボネでは、長年、ねこが、商品の販売促進に貢献してきました。ねこの姿が、消費者の目を引いたからです。主婦の気を引くためとあれば、スポンサーは何でもしました。ねこに服を着せて、きれいなマダム風にしたかと思うと、赤ちゃんのお皿から魚をくすねる悪漢にもします。テレビとマスコミの時代、ねこは、有名メーカーのメッセージを伝える優秀なスポークスマンです。グッドイヤーのタイヤは、車のヘッドライトよろしく目を緑に光らせたねこが宣伝し、イケアはねこを使って家具の快適さを強調します。キャットフードはもちろんですが、一見何の関係もない洗剤やオーディオのCMにもねこが登場します。

小さな野獣

神は人間にトラをなでる喜びを与えるために
ねこを創造した

ジョゼフ・メリー

　ねこの体はまさにアスリート。骨格や筋肉は、ネコ科の野獣にもひけをとりません。ねこの骨は250本あり、関節が柔らかいので背を丸くすることができます。50の椎(つい)からなる脊柱は、7つの頸椎(けい)、13の胸椎、7つの腰椎、3つの仙骨、20の尾骨に分かれ、胸郭には13対の肋骨があります。こうした骨格のおかげで、ねこの動きは、きわめて敏捷で、綱渡り芸人のように雨樋(あまどい)を伝ってすばやく移動することができます。500の筋肉からなる組織は伸縮自在。高いところから飛び降りて上手に着地することも、長々と伸びをしてリラックスすることも可能です。ねこのバランス、しなやかさ、敏捷さは、完璧に連携した神経系の賜物で、尾はバランスを取るのに役立ち、爪は出したり引っ込めたりできます。

Felis euptilura
Tigerkatze
Tiger cat
Chat tigré

捕 食 動 物

ねこにえさをやらないのは、
ねずみにえさをやるようなものだ

ことわざ

　肉体的にも解剖学的にも、ねこは、捕食動物としての特徴を兼ね備えています。小さなトラと言ってもよいでしょう。口は、大型肉食動物のミニチュア版で、顎が大きく開きます。30本ある歯は、12本の切歯、4本の犬歯、10本の前臼歯、4本の後臼歯で構成されています。自分の体の5倍の高さまでジャンプして、鳥やねずみに襲いかかり、鋭い牙の一撃で獲物を仕留めます。体は小さくても、ねこには狩人として必要な資質がすべてそろっているのです。最適な視界と鋭い嗅覚を備え、感度抜群のひげは、穴の奥に潜む獲物の存在も察知します。夕暮れ時などは、視覚より数本のひげのほうが役に立つほどです。他のネコ科の動物と同様、自分より体の大きい獲物でも攻撃します。捕食動物の中で、人間に飼われているのは、ねこだけです。

DID YOU SEE ME GET THE BEST OF HIM?

THE GREAT ATLANTIC & PACIFIC TEA CO'S
TEAS & COFFEES
ARE THE BEST.

Copyright by A. B. Seeley 1881

ねこの毛

金色と褐色の毛皮から、
まこと甘やかな香りが立ちのぼり [...]

シャルル・ボードレール

　ねこは、鼻や乳房、肉球を除いて、全身が毛で覆われています。皮膚に開いたごく小さな毛包から生えている毛は、おなかのほうが密で、1mm²あたり200本、背中は100本です。ねこの毛は全部で3種類。ガードヘアは体全体を覆い、種によって長さが異なります。オーンヘアはガードヘアと同じく、顔を守る役割を果たします。ダウンヘアは綿毛のように柔らかく、カールしています。ねこの毛が生え変わる時期は、遺伝だけでなく、環境や温度、明るさによっても変化します。全身を覆う3種類の毛は、寒さや熱、細菌からねこを守っているのです。

ねこと女性

私の指がおまえの頭や、
しなやかな背中を心ゆくまでまさぐる時 […]
心に浮かぶはわが妻の姿

シャルル・ボードレール

　ねこと女性には共通点がたくさんあります。これまで、詩人や作家、画家たちがさまざまな視点から両者を比較してきました。ねこも女性もやさしいのですが、突然、野生的なパワーを発揮します。牝ねこが子ねこと一緒にいる時はじゃまをしないこと。ねこがトラに変身します。同様に、移り気な女性にもご用心。自尊心を傷つけられると、穏やかだった態度が一変し、攻撃的になります。予測不能で官能的なねこと女性は、文学の永遠のテーマ。ボードレールは「猫」(『悪の華』、1861年)で、ねこをなでながら、最愛のミューズに思いのたけを伝えています。確かに、どことなく気だるげなねこの姿態は、男の愛を求める女性を彷彿させます。また、牝ねこのやさしい鳴き声には、男の心を動かし、ほろりとさせる力があります。これは、女性の声が男を誘惑する武器になるのと同じでしょう。女性とねこの母性本能についても、多くの類似点が指摘できます。

ねこと子ども

どんなに長い間考えても理解できず、
捉えられなかったことは、
結局私たちにとって不要なのです

クラリス・ド・フロリアン

　ねこと子ども、この2つの小さな存在は、お互いよく似ているだけに、強い絆で結ばれています。いずれもバカなことをしでかしては、しょっちゅうけんかばかり。子ねこにとって、子どもは最高の相棒！ 夢中になって遊びの世界にのめりこみます。子ねこはボールに向かって突進し、せっかく作った積み木を崩してしまいますし、相手が少女なら、人形の代わりに乳母車に乗っておとなしくしています。子どもの忠実な友であるねこは、子どもが学校から帰ってくるのを心待ちにし、帰ってくると机の上に乗って、宿題をやる子どもを励まします。ひとりっ子の場合、結びつきはさらに強く、いつも一緒にいる理想の友人です。また、つらい時、悲しい時にそばに寄り添い、気持ちをわかってくれるやさしいねこの存在は、子どもにとって大きな慰めです。この善良な悪魔みたいな小動物は、かけがえのない友人ですが、1つだけ注意しなければならないことがあります。眠い時にはそっとしておくことです。

母 性 本 能

息子の黒ねこを [...]、母ねこは [...]
「プルルッ、プルルッ……」と自分が知っている
唯一の言葉を繰り返しながら
やさしくなめていた
コレット

　母性本能について言えば、ねこはまさに模範的。乳をやるのはもちろん、子ねこに注ぐ愛情や教育の点からも、母親のお手本です。生まれたばかりの子の授乳から毛づくろいまで、母ねこに休む暇はありません。乳を与える時は横になって、おっぱいを吸うよう、前肢でやさしく子ねこを促します。その献身ぶりは完璧で、母ねこは1日の90％を子ねこのために費やし、そばを離れるのは、えさを食べる時と用をたす時だけ。母ねこの姿が見えなくなるや、子ねこはおなかがすいたと鳴いて訴え、子ねこの中の番長が一番よいおっぱいを独り占めして、弱いねこが隅に押しやられると、鳴き声が一段と高まります。でも、母ねこはいじめられっ子をなだめるだけで、兄弟げんかには介入しません。絶え間なく見守り、教育的精神を発揮するのです。母親として手本を示し、お行儀の悪い子をたしなめるその姿は、動物界広しといえども、他にないでしょう。こうした教育は、子ねこにとってきわめて重要で、3か月間か場合によってはそれ以上、子どもは母親のそばを離れません。

GRANDE ÉPICERIE MODERNE
CHEVAUCHÉE JEUNE
102, rue Doré (Nogent-le-Rotrou)

犬とねこ

犬よりもねこが好きなのは、
警察犬はいても警察ねこはいないから

ジャン・コクトー

　犬とねこの仲と言えば、けんかか引っかき合いと決まっているわけではありません。共生は可能で、思いの他、両者が結託していることもあり、1つ屋根の下で育てば、間違いなく仲よくなります。すぐに良好な関係が結べないのは、コミュニケーションの仕方が異なるせいでしょう。犬がしっぽを振るのは、好意を持っている印なのに対し、ねこの世界で尾を動かすのは、いら立っている証拠で、攻撃の意志を表します。もう1つ、よく見られる典型的な例が肢をあげる動作です。犬は前肢をあげて仲よくなろうとメッセージを送っているのに、ねこはそれを警告や脅しと受け取ります。これでは、言葉の異なるもの同士がコミュニケーションを取ろうとしているようなものです。勘違いと誤解がしばらく続くものの、一度それを乗り越えると、犬とねこはよい友だちに。仲よくなれるかどうかは、種によっても違います。見た目は怖そうなブルドッグですが、ねこに危害を与えることはありません。パグは吠え声以外温厚ですが、獰猛な声だけでもねこたちを震えあがらせるには十分です。

ねこの目

今や隙間のように細くなった黄色い瞳に
夜のコインを差し入れる

パブロ・ネルーダ

　ねこの目は、月のように丸いかアーモンドの形をしていて、虹彩の色が濃かったり薄かったり、種によって異なります。シャルトリューは赤銅、チンチラはエメラルド、シャムはサファイアと、目の色は、生後約4か月で固定します。オオカミや犬などの肉食獣や、ウマなどの草食獣と違って、ねこの目は、顔の前方に位置しているため、物が立体的に見え、視野が広くなり、頭を動かさなくても周囲を見わたすことができます。不動の姿勢は、捕食動物が獲物を捕まえる時の戦略の1つ。ねこの全体視野は、人間のそれを上回り（人間が160度なのに対して、ねこは180度）、ねこの目をすり抜けるのは極めて困難です。鳥やねずみの様子をうかがっている時、2〜6mの間であれば、ねこは、獲物までの距離を正確に測ることができます。ねこの狩りの成功率が高いのは、こんなところに秘密があるのです。

目つき

驚いたことに、
そこにはねこの青く燃える瞳、
明るく光る信号灯、生きているオパールが

シャルル・ボードレール

　目の様子で、ねこの気持ちを推し測ることは容易ではありません。光の効果と感情の影響を見誤りやすいからです。防御の姿勢を取っている時、特に見慣れぬ人がいると、ねこの瞳孔は大きくなり、反対に主人と一緒で安心している時は細くなります。暗いところでは瞳孔が開き、明るいところではスリットのようになります。さらに、対象が遠ざかると、瞳孔が黒く丸く広がり、対象が近づくと収縮します。おなかをすかせている時も瞳孔が開き、たちまち4倍、時には5倍の大きさになります。時としてねこの目は、思いがけない動きを見せます。快楽に身を任せている時も、けんかに負けた時も、同様に目をつぶるのです。

夜目

中国人はねこの目に時刻(とき)を読む

シャルル・ボードレール

　人間の目と同様に、ねこの目には、錐体(すいたい)細胞と棹体(かんたい)細胞があります。色を区別する錐体が、明るいところで機能するのに対して、棹体はごく弱い光にも反応し、真夜中でも形や動きを捉えることができます。ねこが夜でも目が見えるのは、棹体の数が多いためです。夜目が利くもう1つの理由は、ねこの目にある輝板(きばん)です。輝板は網膜の後ろに位置する層で、輝板に達したものは、ここで反射して再び網膜の視神経を刺激するため、わずかな光でもキャッチします。そんな時、ねこの目はまん丸になっています。光が弱くなると、それだけ瞳孔が広がり大きくなるからです。

当主

おいらはひとりで出かけ、
どこへ行こうが我が物顔
ラドヤード・キップリング

　ねこは自分のテリトリーに執着します。ねこには、プライベートの空間が不可欠で、おしっこをかける、うんちをする、体をこすりつける、引っかくなど、環境や気分によって異なりますが、一般にマーキングと呼ばれる方法で、自分の領地であることを仲間に示します。マーキングをしている時のねこには、いつもの敏捷さがありません。肢を突っぱって、ぴんと立てた尾を震わせ、木の幹や石垣、花の植わった鉢など、垂直に立っているものなら何であれ、あらゆるものにおしっこをかけます。通りがかった別のねこは、場所の所有者の身元（年齢や性別、発情期かどうか）、メッセージの内容（いつここに来たか、出入りしてもかまわないか）など、そこからさまざまな情報を得るのです。
　ねこは自分のテリトリーをいくつかのゾーンに分け、それぞれ規則を定めています（狩りをする場所、食べる場所、休憩する場所、恋人をくどく場所……）。ねこの狩り場は立入禁止ですし、ひなたぼっこをするお気に入りの休憩場所も、他のねこと共有しません。反対に恋の季節には、盛りがついてさえいればどんなねこでも大歓迎です。

ボディランゲージ

人間は文明化されたとはいえ、
ねこを理解する以上にものをわかっているわけではない
バーナード・ショー

　ねこは、けんかも仲直りも全身でするので、意図するところは行動から容易に推察できます。ライバルに対して怒っている時は、よだれを垂らしながら斜めに歩きます。獲物を待ち伏せている時は、体を丸め、頭を肩に埋め、尾を左右に軽く揺らします。しっぽによっても多くのことがわかります。神経を尖らせている時はぴしっと宙を打ちますし、毛を逆立てている時は攻撃の、アーチを描いている時は防御の姿勢です。尾をぴんとまっすぐあげているのは歓迎の印で、軽く曲げているのは周囲で起こっていることに興味がある証拠。さらに、尾をおとなしく寝かせていれば、愛しのねこに告白をしているところで、揺らしていれば、窓の向こうに鳥がいたか、仲間とじゃれあっているかです。背の様子でもその時の気分がわかります。膨らませた背中の毛が総立ちになるのは、相手を脅している時で、背を丸めていれば、喜んでいるか、なでて欲しいかのいずれかです。最後に、主人に親愛の情を示す時は、母ねこが子ねこにするように、前肢でそっとタッチします。

ボーカルランゲージ

「ムエック、ムエック、ムエック……
マァアア……マァアア……」
サアは［…］閉じ込められた小さな蛾に向かって鳴いた
コレット

　ねこの鳴き声からは、次の7つのメッセージを読み取ることができます。怒り（うなる）、恐れ（喉の奥から音を出す）、苦しみ（鋭く鳴く）、ついてくるようにという合図（トリルで音のトーンをあげる）、フラストレーション（歯をカチカチ鳴らす）、友情（喉をごろごろ鳴らす）、関心を引く（子ねこが高い声を出す）。こうした感情を表現するのに、ねこは発声法を使い分けています。例えば、怒りを表現するのに「シュウシュウ」という低い音を強く出しますが、この宣戦布告はヘビが出す音に似ているため効果抜群です。また、「フッフッ」と息を吐き出したり、「グルル」となったり、「エオ」と吠えることで、声を高めることなく敵を震えあがらせることができます。仲間とコミュニケーションを取る時は、強く高い声を出します。ねこの鳴き声のレパートリーには、時として状況にそぐわないとっぴなものもあります。愛の言葉が、うるさく泣きわめくような声で語られるのに対して、窓の向こうにいる鳥には、やさしい、しゃくりあげるような音を出します。

鳴き声

真珠を転がすようなその声は［…］
私を美しい詩のリズムで満たし、媚薬のように悦ばせる

シャルル・ボードレール

　専門家によれば、ねこの鳴き声は、63〜100種類あると言われますが、中でも一般的な「ニャー」は、高く強い音と母音をはっきり発音する発声法に入ります。ねこはけんかの最中でも口を大きく開けて、さまざまなバリエーションの「ニャー」の声を出します。けんかをするねこの鳴き声は、英語でcaterwaulingと言い、ぎゃあぎゃあといがみ合う、けたたましい騒音を指します。これには、熱に浮かされたような恋の告白や、粗野な闘争心の表れも含まれます。また、ねこ版「恋愛のディスクール」もこうした高く強い音を特徴としますが、この場合、最後は、牡が去った後の苦痛に満ちた牝の叫びで締めくくられます。このカテゴリーに属する鳴き声は、愛の行為に先立つ甘いささやきとはまったく異なります。

喉を鳴らす

哲学者についても、ねこについても研究したが、
ねこの智慧(ちえ)のほうがよっぽど優れている
イポリート・テーヌ

　喉を鳴らすのは、ねこに生まれつき備わっている特有の習性で、初めて乳を飲んだ時にも自然に出てきます。これは、呼吸に伴う空気の通過によって生じる音です。喉頭の筋肉は、1秒間に30回収縮し、空気が一瞬せき止められます。それに伴い、空気を吸う時に「ブルッ」、吐き出す時に「ルン」というこもった低い音が生じ、喉を通過する空気の速度によって音が変化するのです。

　喉を鳴らす時に聞こえるのは、ねこが口を閉じている時に発する、やさしくまろやかな短い音の連なりで、次の4つのパターンに分けられます。喉を鳴らす時の「ムルブル」、呼びかけるための「エムル」、うれしい気持ちを表す「ムッ」、挨拶代わりの「ムムル」です。大人になったねこは、人がなでたり、近づいたり、話しかけたりすると、すぐに喉を鳴らすようになります。ねこ同士では機嫌がよい時に鳴らします。おもしろいのは、出産時や獣医の診察を受ける時のような苦痛を伴う状況でも、同じように喉を鳴らすことです。

眠り

ねこの血管を循環しているのは血液ではなく、
菩提樹の煎じ茶だ

ジャン＝ルイ・ユー

　ねこは1日の60％を寝て過ごします。静かで適度な温もりがあれば、たちまち眠りの神の腕に抱かれ、すやすや眠ってしまいます。そんな時のねこは目を閉じ、筋肉を弛緩させ、嗅覚も聴覚も休んでいますが、唯一ひげだけが様子をうかがってかすかに震えているのがわかります。人間と違って、ねこは、深い持続的な眠りに落ちることはなく、遊びと狩りの合間に、人間でいう昼寝のような眠りを繰り返すのが特徴です。そのため、寝ていても完全に休息しているわけではありません。ねこの睡眠は、1980年代初めから研究者を悩ませてきました。脳波を測定して分析した結果、眠りには4段階あり、ごく短い寝入り、睡眠時間の半分を占める浅い眠り、筋肉を弛緩させることで区別される深い眠り、睡眠時間の4分の1を占める不合理な眠りがあることがわかりました。不合理というのは、眠っているねこが夢を見ながら驚くべき行動を取るからです。じっと動かないのではなく、ビクッと痙攣（けいれん）したような動きをします。ちょっと飛びあがったり、ひげをピクピクさせたり、肢がぶるぶる震えたりしているのは、夢を見ている証拠です。

グルーミング

ねこの動きには、完璧な美と完璧な技が
みごとに共存している

コンラート・ローレンツ

　ねこは1日に2回、全身の毛づくろいをし、日中も定期的に簡単なお直しをします。フランス語で「ねこの洗面」と言えば、いい加減にざっと済ませるものと決まっていますが、これは完全な間違いです。

　ねこのグルーミングは、前肢を舌でなめて湿らせることから始まります。フランス人は体を洗う時、ミトン（手袋）を使いますが、ねこも同じように前肢を使って体をこすります。頭から始め、肢を耳の後ろにやって頬と顎をきれいにします。今度は肢を替えて同じ動作を繰り返し、反対側を毛づくろい。次に頭を上に伸ばして首を曲げ、胸の飾り毛と肩の後ろをきれいに整えます。脇をなめる時はざらざらした舌を、毛玉をとく時は歯を上手に使います。それから、エレガントな格好ではありませんが、性器をなめてきれいにします。最後に、後ろ肢でノミを払い落とせば終了です。終わったら、後ろ肢をしつこく噛んで、爪に染みや汚れをいささかなりとも残しません。

五 感

ねこはねずみのおじさんたちを
とてもよく思っているはずですよ。
だって、僕らと同じような耳の形をしていますから

ジャン・ド・ラ・フォンテーヌ

　ねこの五感はとても優れています。ねこの鼻には、他の哺乳類と同様に、2つの感覚器官（神経細胞が脳に情報を伝達）と、ヤコブソン器官（もっぱらフェロモンを感知する2億を超す細胞で構成）があります。超敏感な聴覚は、人間の耳では捉えられない音もしっかりキャッチ。聴覚器にアンプのような装置を備えているので、ねずみが走るかすかな音も逃しません。ねこが100kHz、すなわち、1秒間に10万回に達する振動を感知するのに対して、人間がキャッチできるのはせいぜい17kHz。ねこは大変目がよく、夜でも昼間と同じようにものを見ることができます。触覚もねずみや犬以上で、肢の裏にある肉球と皮膚（鼻づらを含む顔、顎、腹、わき腹、肛門の5つ）を通じて感知します。また、ねこの味覚は繊細なので、食べるえさにはちょっとうるさいのです。

第 六 感

ねこはいるだけで満足。
単にそこに「いる」、それはねこが何よりも得意とすること
ルイ・ニュセラル

　ねこは、五感以外に、温度やバランス、方向、時間を感知する特殊な感覚を備えていて、高い身体能力を発揮します。中でも、方向と時間に関しては第六感とも呼ばれます。スウェーデンの哲学者エマヌエル・スヴェーデンボリ(1688-1772)は、ねこを「人間にははかり知れないレベル」の感覚に従う「生きているコンパス」だと考えていました。飼われている家の生活リズムをねこが完全に把握していることは、皆さんもご存じでしょう。まるで時計が読めるかのように、不注意で目覚まし時計が鳴らなかった時は飼い主を起こし、子どもが学校から帰ってくるのを毎日決まった時間にドアの向こうで待っています。この規則的な行動は、ねこが人間の時間を太陽の動きと結びつけているからだとも考えられますが、驚くべきことに、いつもと違う時間に帰ってきても、ねこはちゃんとドアの後ろにいます。ねこには超常的追跡能力(遠い場所に連れて行かれた動物が元の場所へ戻ってくる能力)があると言う人や、災害を予知できるとか、家族の死を予感できるとか、テレパシーで交信できると断言する人までいます。

子ねこのグルーミング

ねこは私のお手本、ねこは私の友だち
コレット

　生まれたばかりの子ねこが最初に出会うのは、体をなめる舌の感触です。母ねこが毛づくろいをしてやるのは、子ねこに対する挨拶のようなもので、鼻づら、それから体全体をせっせとなめます。こうして、母親は子どもの鼻腔から不純物を取り除き、うまく呼吸できるようにするのです。次は肛門。これは生死にかかわる重要な行為で、そうしないと子ねこは、うんちやおしっこをすることができず、死にいたります。こうして、子ねこは生まれた瞬間から体を清潔に保ち、生後5週目までにお清めの儀式を執り行う手順を学びます。子ねこは毛づくろいに熱心で、必要とあれば、肢や爪を噛んできれいにします。不器用ながらも自分の体をすみずみまでなめることで、子ねこは自分の体に出会い、その柔軟さを体感するのです。自分で届かないところは、兄弟姉妹に手伝ってもらいます。これがアログルーミングです。毛づくろいの目的は、単に衛生的にすることだけでなく、コミュニケーション手段でもあるのです。

子ねこの誕生

私は樽の中で生まれた。[…] 初めの1週間、
世界はバラ色に見えた

イポリート・テーヌ

　生まれたばかりの子ねこは、耳から尾の先までつやつや光っていて、体長約10cm、体重100gほどしかありません。しかめっ面をして、移動するのも腹ばいです。それでも、生まれて数分後で、まだ目が見えないというのに、もう母親のところまで行き、前肢で乳房をそっと押して乳を飲んでいます。これは触覚に続いて発達する前庭機能、すなわち体のバランスを取る感覚が働いている証拠です。何度か乳を吸うと、子ねこは眠りにつきますが、安らかに眠っているわけではありません。はう、乳を飲む、くんくん鳴く、1日の大半を寝て過ごす、これが誕生したばかりの子ねこの日課です。生後1週間で目が開き、すでにねことしての個性が認められます。乳を吸う乳房は決まっていて、兄弟姉妹が代わりにそこで乳を飲むことはできません。2週間もすると、よろめきながらも歩けるようになり、音や形など新しい世界と出会います。母ねこから離れることはありませんが、時には兄弟姉妹とじゃれ合ったりします。

初めての遊び

それはちびの黒ねこで、まったく厚顔無恥なやつ。
私はテーブルの上でよく遊ばせてやる
エドモン・ロスタン

　ひとりで、または兄弟姉妹と、子ねこは日がな1日遊んで過ごします。3週間もすると、他のねこと組んで遊びに没頭するように。仰向けになり、肢を軽く曲げ、敵に向かって爪を出し、キックし、無理やりけんかをしようとしている子ねこを見たことがあるでしょう。別の遊びでは1匹が立ち、もう1匹が床に寝そべっています。背をたわめ、毛を膨らませて、ライバルを怖がらせる遊びもあります。斜めに歩く遊びの後は、狩りをする遊び（待ち伏せする、追跡する、後ろ肢で立ちあがる）です。子ねこ同士で意見が合わない場合は、決闘で解決する戦いの遊びが始まります。そんな時は、仲よし兄弟がボクサーに早変わり。しかし、子ねこ同士のけんかは教育的で、最後は互いにやさしくなめ合っておしまい。目に見えない羽虫を捕まえる遊びもあります。8週目からは、ひたすらひとりで遊んでいます。この時期、子ねこは毛糸玉をねずみに、コルク栓を鳥に、スリッパをうさぎに、丸めた紙を魚に見立てて、本物の狩りに備えます。

狩りの練習

「鳩が飛ぶ*」の遊びを発明したのはねこだ

デズモンド・モリス

　遊びは、ねこが狩りを学ぶ重要な時間です。生後3週間で、子ねこは遊びの中で果敢にも母親にけんかを挑みます。母親は尾を左右に振り、反射的に子ねこがそれに飛びつき、そのようにして狩りの手ほどきをするのです。1か月目、子ねこは、母親が持ってきた死んだねずみ(またはハエ)を、前肢でぽんぽんと叩いて様子をうかがいます。攻撃性を高め、狩りの技術を磨き、生き残りの術を身につけます。5週目、子ねこは、獲物に飛びかかり、捕まえ、自分のほうに引き寄せます。本物の狩りを先取りするこの遊びの獲物は3種類。ねずみと鳥、魚です。子ねこは、ねずみの代わりにボールに飛びかかると、肢で押さえつけて動けなくします。鳥に見立てるのは紐でぶらさげたコルク栓です。魚は丸めた紙で、子ねこはそれを上に放り投げます。次の段階では、仮想の敵を想定して綿ぼこりの塊を待ち構え、自分のしっぽをねずみだと思って追いかけます。夜になると、尾を立て、カニのように横歩きで忍び寄り、何もないところに向かって襲いかかります。コレットが、「ランプを灯す時間」と呼んだ夜こそ、ねこのハンターとしての本能が最も目覚めるのです。

*相手が出した動物名に対し、飛ぶものだけに「飛ぶ」と答える対話ゲーム

けんか

人間について書きたかったら、
まずはねこを観察することだ
オルダス・ハクスリー

　ねこのけんかの原因は、テリトリーの防衛と牡同士の敵対関係で、領地をめぐっては、4段階にわたって派手な争いが繰り広げられます。
　第1段階：攻撃をしかけられたねこがうなってつばを吐く。瞳孔がスリットのように細くなり、毛を逆立て、尾をぴんと立てる
　第2段階：斜めに走り、敵に向かって垂直に飛び跳ねる
　第3段階：敵に近寄ると、大きなうなり声をあげ、おしっこを引っかける
　第4段階：敵に襲いかかって歯と爪で攻撃し、領地の外へ追い払う
　恋も争いの一因です。求婚者の中から勝者を選ぶのは常に牝ねこですが、言い寄る牡ねこは、あらゆる手段を使って恋人にアピールします。けんかになると、敵対する牡ねこ同士、まず相手をにらんで脅します。次に体の毛を逆立て、尾を膨らませ、敵に向かって飛びかかります。しかし、けんかの勝者が常に恋の勝者というわけではありません。勝利の女神は2匹のうち賢いほうに微笑むのです。

子ねこの成長

ねこはきわめて哲学的な動物で、
「うっかり」などというものは歯牙にもかけない
テオフィル・ゴーティエ

　室内や庭で、子ねこは同族の仲間や他の生き物に出会います。こうして、生後4週間から8週間で子ねこは自立するのです。1か月もすると、母親に対して距離を置き始め、ひとりでいるようになります。物音に驚いたり奇異なものに出会ったりして本当は怖くても、助けを呼ぶことはしません。即座に防御の姿勢を取り、つばを吐き、背を弓なりにし、目をらんらんと光らせ、爪を出します。この時期、周囲の環境を制覇した子ねこは、冒険を求めてはいるものの、家族を離れるにはいたりません。生後5週間で、子ねこは真っ先に出かけ、おなかがすくまで帰ってこなくなります。母親のもとを離れる準備ができたのです。2か月経つと友だちができます。最初につばを吐きかけ合うのは避けられませんが、ねこ同士のつきあいは、子ねこによい影響を与えます。何物を前にしてもひるまない、勇気ある子ねこの姿は立派です。大きな犬にも果敢に向かっていきます。また、この頃、子ねこは、飼い主の腕に抱かれるのを好むようになります。きっと、母親だと思っているのでしょう。

LA LECTURE - Minet ne sait pas lire

ねことの対話

「サア!」「ムゥルレーン!」ねこは即座に答えた。
「おまえが腹ぺこなのは、ぼくのせいじゃない」
コレット

　飼っているねこと対話を重ねると、ねこは、実にいろいろなことを教えてくれます。動物との会話においても教育は有効なのでしょう。主人と一緒にいる時は、口を閉じ、母音からなるやさしい音を発します。こうして主人の関心を引こうとしたり、同意を示したり、感謝の意を伝えたりしているのです。心配ごとがある時は「ミュー」、ドアを開けて欲しい時は「ムラウ」、ドアをすぐに開けるよう要求している時は「マラーウ」です。反対に、要求が拒否された時は「マウ」と不満そうですし、文句がある時は「ムアウ」、怒っている時は「ヴァウ」と無愛想な声を出します。ねこのおしゃべりの度合いは、年齢や環境、性格、種によって異なります。一般に短毛種のほうがおしゃべりで、シャム、オリエンタル、バーミーズ、トンキニーズ、ベンガルはよく鳴きます。唯一の長毛種であるペルシャの鳴き声を聞くことはめったにありません。中毛種のバーマン、ノルウェージャンフォレストキャットもおしゃべり好きです。

LE DINER — Minet boit trop

屋外での生活

夜はすべてのねこが灰色に見える
ことわざ

　庭でハツカネズミを追い回すねこを見たことがあるでしょう。腹ばいになっておしりを振り、何時間でもねずみを見張っていたかと思うと、いきなり飛び跳ね、首根っこを一撃して仕留めます。1日の最初の獲物は常に輝かしい戦利品。ドアの前に置き、しつこく鳴いて、主人に手柄をほめてもらおうとします。犠牲者はたいていハツカネズミの子で、スズメは多くありません。ねこは、捕まえることのできたはずの鳥の90％を取り逃がしてしまうからです。庭でねこは、原初の自由を取り戻し、遠い先祖であるヤマネコの動きを再現します。潅木（かんぼく）の間をさまよい、かぐわしい戸外の空気をたっぷり吸い、葉を噛んだり、地面を掘ったり、木の幹で爪を研いだり。ねこは真の植物学者で、植物の匂いを嗅いで香りを楽しんだりもします。

LA LEÇON DE DANSE - Minet ne danse pas bien

室内での生活

私がねこを好きなのは、
ねこが私の愛する家の魂のように思えてくるからだ

ジャン・コクトー

　毛づくろいや見張り、昼寝や遊びなど、室内でもねこにはすることがたくさんあります。自然の中で数千年間生きた後、四方を壁に閉ざされた空間で暮らすようになったねこは、原初の自然の痕跡を室内にも見出す必要があります。木によじ登ったり、籠や戸棚などの隠れ家に身を潜めたり、爪を研いだりする空間です。想像上の獲物を高いところから見張って捕まえたいので、登るための木もいります。ロープや、紐でぶらさげたコルク栓があれば、つかまったり飛びかかったりできます。丸めた紙や毛糸玉は、ハンターとしての本能を刺激するお気に入りのおもちゃ。フェルトの人形やソックス、ボールにいたずらするのも好きです。飼いねこの幸福は、快適で静かな環境、適切な栄養、清潔さにあります。フランスでは、こうした基本的な条件が、自然保護法に基づく動物憲章にきちんと書かれています。1976年に制定されたこの憲章は、動物が自然に近い環境で、必要に応じて栄養を摂取し、適切に扱われることを推奨しており、それ以下の待遇は許されません。

家の中

室内にねこは欠かせない。
ねこがいて初めて部屋は完璧になる

ステファヌ・マラルメ

　ねこは、家の中にも野生の王国を創造します。自然の中と同じように空間を5つに分け、活動に応じて、休憩コーナー、食事コーナー、トイレ、遊び場所、見張り場所で過ごすのです。広さは問題ではありません。自然環境における狩猟場が、ここには存在しないからです。主人と住む場所を分かち合うことをねこは気にしません。どんなタイプの住まいでも、常に自分のテリトリーにすることができます。間違いなくねこは、階段をあがりおりし、踊り場に腰を落ち着け、人が行き来するのを観察できる2階のある家が好きでしょう（その間も片目は庭の様子をうかがうことを忘れません）。とはいえ、暖かくて居心地のよいマンションでもねこは幸せですし、もっと狭いワンルームであっても、自分の王国を作りあげます。また、種によって家の好みが分かれます。アビシニアンは、棚や縁飾りのついた戸棚がお気に入り。いつでも上から見張っていられるからです。ジャパニーズボブテイルは水が好きなので、バスルームにこだわります。温厚なお父さんみたいなシャルトリューは、書斎がよいでしょうし、ペルシャは、ソファを自分の帝国にしてそこから動きません。

繊細な舌

> 雨樋(あまどい)に口をつけて水を飲んでみたが、
> これほど甘美な飲み物は初めてだ
>
> エミール・ゾラ

　生来デリケートなねこは、物を食べる時、とても慎重です。まず匂いを嗅いで様子を見ます。大丈夫だと判断したら、ひと口食べてみます。嫌々食べるよりは、空腹にさいなまれるほうがまし。これが鋭敏な舌を持つねこのモットーです。えさが新鮮さに欠けていれば、強い不満を示し、嗅いだことのない人工的な匂いがすれば、ぷいと顔を背けます。メニューにも好き嫌いがあります。肉食ですが、肉ばかり食べているわけではありません。緑の野菜やパスタ、米も好きで、その食事はバランスが取れています。レバーは、ねこにとって一番のご馳走。魚は、ねこの好物ベストテンで第1位を獲得するのが常ですが、身にしまりがなく、匂いが強いサメには口をつけません。身がしまっていて淡白な味のタラは、ねこの繊細な舌にも合うようです。また、子どもの頃に食べたものは大人になっても変わらず好き。牛乳を好むのも、生まれた時に飲んだ乳の味を思い起こさせるからでしょう。すっぱいものや辛いもの、塩気のあるものも嫌いではなく、要は非常にバラエティに富んだ味覚をしているということです。

ねこと植物

あら、ガラスの向こうにきれいな花が！ 白いケシの花。
［…］いいえ、花じゃない。あれはねこ……
コレット

　ねこは、植物の誘惑に屈した時のリスクをわかっていません。好奇心を抑え切れず、植物に近づき、周囲をぐるりと回り、匂いを嗅ぎ、噛んでみます。葉や実、茎、花をいじってみた後に、思い切ってパクリ。ところが、一部の植物には毒があります。家でも庭でも、ねこは、重度の中毒を起こす危険に常にさらされていて、食べた後、下痢になったり、吐き気が止まらなかったり。戸外では、イチイやセイヨウキョウチクトウ、ウマノスズクサ、エニシダ、キヅタに注意する必要があります。家の中でも、約20種類の植物が、ねこを待ち構えています。ハズやゴムノキ、イチジク、ポインセチア、ディフェンバキアは、目や皮膚の炎症を引き起こし、菊や黄色い花をつける潅木アリアケカズラは、アレルギー性皮膚炎の原因になるので要注意。フィロデンドロンは腎の不調を、ツツジとシクラメンは心血管系の発作を、タマサンゴは神経障害をもたらします。さらに、植物にうといねこにとっては、ヤドリギやモチノキ、アザレア、アオキも危険です。

孤 独

この小さなトラたちと共に暮らすことができるのは、
何という喜びであろう［…］

コンラート・ローレンツ

　6か月を過ぎると、ねこはひとりで過ごすのに慣れてきます。退屈すると犬は吠えますが、ねこは平気。それでもあまり長時間放っておかれると、さすがに意思表示をします。ソファに爪を立てる、花瓶をひっくり返す、しつこくて耐え難い匂いのするおしっこを洗濯物に引っかける……。こうした行為は、長い間ひとりにされたねこの復讐です。室内に閉じ込められて過ごす間に、主人の不在にも慣れたのでしょう。群れを作って暮らす犬とは異なり、もともと静かな環境と観察を好み、適応力が優れているねこは、孤独な環境にも順応します。とはいえ、好奇心は十分満たしてやらなければなりません。それには、常に外を眺められる場所を確保することです。カーテンの間から窓の向こうの地平線を眺め、外を観察することができる鎧戸のない窓であれば理想的です。

血統書

おいで、私の愛しいねこ、恋に焦がれるこの胸に

シャルル・ボードレール

　野良ねこと違い、純血種のねこは血統書を持っています。その容姿は、ねこの血統認定団体が定める審査標準に合致していなければなりません。ねこの血統を公式に認定する際に参照する審査標準（スタンダード）には、理想的なねこの容姿が詳細に記載されていて、体、目、頭、毛並みにいたるまで、それぞれ5〜100ポイントで全身くまなく採点されます。1つのねこの品種に対して、複数の審査標準が存在するのは、Fédération Internationale Féline（FIFe、国際猫連盟）、Cat Fanciers' Association（CFA、キャット・ファンシアーズ・アソシエーション／米国）、The International Cat Association（TICA、インターナショナル・キャット・アソシエーション／米国）など、国際的な認定団体がいくつかあるからです。一度、血統が認定されたねこは、世界中で認められているねこの血統台帳Loofに登録されます。登録されていないと、コンクールや展示会に出場することも、入賞することも、世界チャンピオンになることもできません。コンクール出場の要件として定められている審査標準に合致しない場合、単なるペットとして扱われます。

コンクール

服を替え、粉をはたき、髪をカールし、香水を振りかけ、
美少年アドーニスより美しく [...]
オルノワ夫人

　コンクールに出場するねこは、血統認定団体の規定による審査標準をクリアしている必要があります。手入れが行き届いていて美しい毛並みをしていること、高貴な容姿をしていること、健康であることなどが要件です。純血種のスタンダード（ねこの血統認定団体によって定められた審査標準）にも合致しており、いかなる奇形、欠陥もあってはなりません。ねこの血統台帳Loofか、仮登録台帳Riex（Loofによって家系や血統が認定されなかったねこが対象）への登録も必須です。仮審査の前には、入念に手入れをし、ワクチンを打ち、駆虫し、マイクロチップを装填します。コンクールに出場するには、さらに衛生検査や血統書の審査を受け、出場料を支払わなければなりません。このようにして初めて、ねこは出場用のケージに入ることが許されます。審査員の厳しい目を逃れることは不可能です。容姿だけでは十分でなく、コンクールに出場するねこは、人に慣れていて、抱かれてもつばを吐いたり、うなったりしてはいけません。コンクールでは、性別と年齢によって14のクラスに分けられます。

ED. PAPIN

164, Rue S.t Antoine, PARIS

シルエット

愛しのビューティ、あなたほど完璧な牝ねこを
これから先も自然が創ることはないでしょう

オノレ・ド・バルザック

　純血種のねこは、シルエットが特徴的。体格も小型から大型（ベンガルやカリフォルニアスパングルドなど）までさまざまです。体重にも詳細な規定があり、最も軽いシンガプーラが、3kgに満たないのに対し、がっしりした体格のメインクーンは、10kgを超え、中には14kgに達するものも。純血種の大きさの区分は以下のとおりです。

* 短躯タイプ（コビー）：どっしりした体型。頭が大きくて丸く、尾が短い。ペルシャなど
* 中躯タイプ：四角い体型で、尾の長さは中くらい。頭の大きさもバランスが取れている。次の4つのサブグループに分かれる。セミコビー（四肢、胴、尾がコビーよりやや長い。ブリティッシュショートヘアなど）、セミフォーリーン（コビーとオリエンタルの中間。ヨーロピアンショートヘアなど）、ロング＆サブスタンシャル（長く、がっしりした体格。ノルウェージャンフォレストキャット、バーマンなど）、フォーリーン（中躯タイプの中で最も軽量。アビシニアンなど）
* 長躯タイプ（オリエンタル）：長くほっそりとした体型。シャムなど

毛 の 色

胸と腹と足の先は白、まるで白鳥の羽毛のようだった
ピエール・ロティ

　ねこの毛色は膨大な数にのぼります。同じ種でも複数の色のバリエーションがあるからです。黒や青、チョコレート、灰、赤茶、クリーム、白、バイカラー、斑（まだら）、シルバーなどの毛は、模様も多彩で、シャムのように、先端がカラーポイントになっているねこや、ヨーロピアンショートヘアやペルシャのように、縞模様になっているねこがいます。特に縞のあるタビーは、不規則に模様の入ったブロッチド、全身に細い縞の入ったマッカレル、全身に斑点が散らばったスポッテドタビー、四肢や首、尾にだけ縞の入ったティックドに分かれます。また、2色の被毛に縞と亀の甲羅模様が全体に散らばった、トータスシェルと呼ばれるパターンもあります。

純血種

社会の中で […] ねこは […] 求められるようになるだろう

フランソワ=オーギュスタン・ド・パラディ・ド・モンクリフ

ねこの血統認定団体で公認されている品種は、以下のカテゴリーに分けられます。

* **短毛種(44種類)**：アビシニアン、アメリカンカール、アメリカンショートヘア、アメリカンワイヤーヘア、エイジアン、ベンガル、ジャパニーズボブテイル、ボンベイ、ブリティッシュショートヘア、アメリカンバーミーズ、ヨーロピアンバーミーズ、バーミラ、カリフォルニアンレックス、カリフォルニアスパングルド、セイロンキャット、シャルトリュー、チャウシー、コーニッシュレックス、デボンレックス、ドンスコイ、ヨーロピアンショートヘア、エキゾチックショートヘア、ジャーマンレックス、ハバナ、コラット、クリルアイランドボブテイル、ラパーマ、マンクス、エジプシャンマウ、マンチカン、オシキャット、ピーターボールド、ピクシーボブ、ロシアン（青、黒、白）、サバンナ、スコティッシュフォールド、セルカークレックス、シャム、シンガプーラ、スノーシュー、ソコケ、スフィンクス、タイ、トンキニーズ
* **中毛種(22種類)**：アメリカンボブテイル、アメリカンカール、ターキッシュアンゴラ、バリニーズ、ジャパニーズボブテイル、ブリティッシュセミロングヘアSLH、キムリック、スコティッシュフォールドSLH、クリルアイランドボブテイルSLH、ラパーマSLH、メインクーン、ネベロング、ノルウェージャンフォレストキャット、ピクシーボブSLH、バーマン、ラグドール、セルカークレックスSLH、サイベリアン、ソマリ、ティファニー、ターキッシュバン、ヨークチョコレート
* **長毛種**：ペルシャのみ

L'AMIDON AU CHAT EST LE MEILLEUR DE TOUS

IMP. HENON, PARIS

純血種の歴史

きれいなところだけお見せなさい

オノレ・ド・バルザック

　高貴なねこの起源は……野良ねこです。展示会に出ても称号はありません。あえてつければ「イエネコ」でしょうか。しかし、ねずみを退治する目的で船員が船に乗せてくれたおかげで、野良ねこは世界中に分散し、子孫を残しています。どこの土地にたどり着いても、世界を股にかける冒険者であるねこは、すぐさま新天地に適応し、土着のねこと交配し、マンクスやスフィンクスをはじめとする新種が誕生しました。その後、人間の介入によって、ねこの種類はさらに増えます。異なる種を掛け合わせるのですが、数世代にわたるため大変時間がかかります。不適切な交配や遺伝性の病気を避け、特徴が明確で系統が安定した品種を選ばなくてはなりません。ねこの血統が注目されるようになるのは、1871年、ロンドンのクリスタル・パレスで開催された世界初のキャットショーです。当時はまだねこの血統とは言わず、「クラス」と呼んでいました。愛猫団体によって16種が純血種に認定されたのは20世紀初め。今日、公式に認められている血統は約70種です。

エキゾチックなねこたち

毛並みも斑(まだら)模様も、
今は亡きセネガルのムムットのように

ピエール・ロティ

　古代、短毛種のエジプシャンマウは崇拝の的。1953年、ロシアの王女がイタリアに取り寄せました。毛色はシルバー、ブロンズ、スモークの3種類で、額にM字型、尾にリング状の模様があります。1984年、スリランカでイタリア人獣医が発見したセイロンキャットは、黒、青、赤茶、クリームの縞が入っています。アビシニアンは、アビシニア（現在のエチオピア）ではなく、東南アジア原産。1本の毛に複数の色が混じるティックパターンが特徴です。ジャパニーズボブテイルは、10世紀に日出づる国で発見された、しっぽが短くポンポンのように丸まっているねこです。コラットは、タイのコラット地方で16世紀から知られていました。幸運をもたらすと言われ、灰青色の毛は、角度によって銀色に輝いて見えます。カラーポイントが特徴のシャムは、シャム王国（現在のタイ）の生まれ。オリエンタルは毛色が豊富で、400種類にのぼると言われます。シンガプーラ（シンガポールのマレー語）は、純血種の中でも最小で、単色のきらきら光る毛にセピアのティッキングが入っています。ソコケは、ケニアのソコケという森で生きていた、大理石のようなまばゆい縞模様のねこです。

ペルシャ

イスラムの絹のスカーフが翻るように、
ペルシャねこが窓辺に飛び移る
コレット

　ペルシャねこの長くて厚い被毛は、アナトリア半島の厳しい気候を生き抜くには欠かせません。トルコのアンカラに生息していましたが、発見されたのはペルシャで、1620年、イタリア人探検家ピエトロ・デッラ・ヴァッレによって、ヨーロッパに持ち込まれました。18世紀、フランス人自然学者ビュフォン（1707-1788）は、『ビュフォンの博物誌』に「どっしりとした短い体躯、四肢は頑強、足は幅広で丸い。額は丸みを帯び、頬に肉がついている」と書いています。1871年、世界初のキャットショーで、ヴィクトリア女王が、この「ねこの王子さま」に魅了され、19世紀に人気を博しました。

　ふさふさした毛で気品のあるペルシャは、ねこ族の中で唯一の長毛種。1967年には、その短毛種であるエキゾチックショートヘアも公認されました。日常の手入れはこちらのほうがずっと簡単ですが、毛の色は白、黒、ライラック、赤、クリーム、バイカラー、斑（まだら）、タビィ、チンチラ、スモークなど約100種類に及び、ペルシャ同様、きわめて多彩です。物静かでおとなしく人懐こいペルシャは、室内で飼うのに最適です。

シャム

静謐(せいひつ)さの理想とは座っているねこの姿だ

ジュール・ルナール

シャムねこの歴史はとても古く、極東に始まります。その名が示すとおり、シャムの発祥は、古のシャム王国(現在のタイ)。エレガントでスレンダーな体型は、王国の首都アユタヤで見つかった『猫の詩集(1350年)』にも描かれています。シャムの影響は仏教にも及び、19世紀までは信仰の対象で、賢者が逝去するとその魂はねこの体に入り、天国に赴くのは、ねこが死んでからだと信じられていました。伝説は時に現実を変えるもので、シャムの身体的な欠陥にもかけがえのない価値が与えられます。こうして、曲がった尾とサファイアブルーの目を持つシャムは、番人を務めた神殿の聖遺物を、あまりにも長い間見つめ続けてきたため、斜視になったと言われるようになります。また、王国の歴史にも密接に関係し、1927年まで戴冠式において王の魂の象徴とされてきました。

アンゴラ

清潔で、温かくてよい匂いがする、
絹のようなアンゴラの毛。
ねこを抱き、やさしくなでれば
得も言われぬ幸福に包まれる

ピエール・ロティ

　18世紀、シャルトリューとイエネコ、ターキッシュアンゴラの違いが確立し、スウェーデンの自然学者リンネ(1707 - 1778)が、トルコのアンカラにちなんで、*Catus angorensis*と命名したのが名前の由来。今日のトルコの首都アンカラは、アンゴラ発祥の地です。

　17世紀にイタリア人探検家ピエトロ・デッラ・ヴァッレが、ヨーロッパに持ち込んで以来、アンゴラは交易や贈り物で珍重されます。ルイ15世の宮廷では、惜しみない賞賛が捧げられました。無理もありません。物腰は優美で、ふさふさとした毛並みはわずかな動きにも光り輝き、天の星が雨となって降り注ぐかのよう。体は長く細めで、首と後ろ肢に飾り毛があり、小さくて丸い足の指の間からも、毛の房が飛び出しています。まっすぐな鼻、しまった顎、羽のような毛で飾られた尖った耳をしていて、三角形の頭は、アーモンド形の幾分つりあがった大きな目とよく調和しています。毛が白いと目の色は青、タビィ(縞模様)だと琥珀です。王さまに愛でられた時代と同じく、今は白いアンゴラに人気があります。

Felis domesticus
Angorakatze
Angora cat
Chat angora

シャルトリュー

ねこの中でも自然が創りたもうた
最も美しい芸術品 […]

ジョアシャン・デュ・ベレー

　シャルトリューは最古のねこの1つ。1254年、十字軍によって、中東からヨーロッパにもたらされました。密で美しい毛並みゆえに、絶滅の危機に追い込まれますが、ねずみを捕る腕前をグランド・シャルトリューズ修道会の僧に認められて救われます。1930年代、フランスのブルターニュ地方、ベル＝イル＝アン＝メールのレジェ姉妹が、繁殖を手がけて知られるようになり、1939年に純血種として認定されました。今日、シャルトリューは、短毛種の中でとても人気があります。光沢のある被毛は、ねこ族の中でも際立っています。単色でむらのない毛並みは、淡から濃までニュアンスに富み、鼻先にいたるまで灰青一色ですが、肉球はバラ色を帯びています。台形の頭、三角形の耳、赤銅色のいきいきとした目をしていて、スタンダード（ねこの血統認定団体によって定められた審査標準）に記されているとおり、顔立ちはいかにも利発そうです。肉厚の頬、輝く毛並み、どっしりとした体つきで、シャルトリューは、静なる力を体現しています。

バーマン

金属と瑪瑙(めのう)の混じり合う、
おまえの美しい眼に私を浸らせておくれ

シャルル・ボードレール

　伝説によると、バーマンは、ビルマの聖なるラオツン神殿の番人だったそうです。青い目と毛玉のできにくいセミロングの毛をしたこのねこは、白い手袋をはめたようなシャムと長毛種の交配によって生まれ、1919年、フランス人外交官オーギュスト・パヴィと英国領インド軍少佐ラッセル・ゴードンによって、ヨーロッパに持ち込まれました。1926年、パリで開催されたキャットショーでは、バーマンの前に人だかりができ、大人気を博します。その後、1966年に英国で、1967年に米国で純血種として認定されました。

　エレガントで風格のある体躯、サファイアブルーの目、絹のような毛並みをしたバーマンには、首周りと尾に長い飾り毛があります。白やクリームの明るい色の被毛は、先端のカラーポイント（耳、肢、尾、顔）と好対照をなし、前肢と後ろ肢に同じ長さの純白のソックスをはいているように見えます。性格はおおらかで従順と、バランスの取れた品種です。シャムと同様、よく鳴き、歌うような声を出します。

CE N'EST PAS MOI QUE TU CARESSES
C'EST MA TASSE DE LAIT

ヨーロピアンショートヘア

けれども、ねこはひたすらねこでいたい。
ひげの先からしっぽの先までねこはねこなのだ
パブロ・ネルーダ

　ヨーロッパヤマネコ*Felis silvestris*とリビアヤマネコ*Felis silvestris libyca*を祖先とするヨーロッパのねこは、歴史の中で残酷な運命をたどります。中世、ヨーロッパのねこは、火刑に処され、赤ワインで煮て食され、悪魔の手先と見なされました。1925年、英国の愛猫団体Governing Council of the Cat Fancy（GCCF、キャット・ファンシー運営審議会）が、ヨーロッパの野良ねこを、シャムやペルシャのように純血種に認定してはどうかと提案します。こうしてヨーロピアンショートヘアは、高貴な称号を手に入れましたが、Fédération Internationale Féline（FIFe、国際猫連盟）が、単色または2色、縞または斑のあるこのねこを、短毛種として公認したのは1983年に過ぎません。当時のスタンダード（ねこの血統認定団体によって定められた審査標準）によれば、他の種と交配されていないことと規定されています。今日、ヨーロピアンショートヘアは、その容姿と資質で人々を魅了しています。独立心が強く、狩りの達人で、どんな状況にあってもうまく切り抜ける才能があり、適応力抜群です。純血種の中で最も気さくなねこと言ってよいでしょう。親戚の野良ねこと区別がつきにくいのですが、いくらか細めで、首に楕円形の白い模様のない点が異なります。

ノルウェージャンフォレストキャット

ねこはこの上なく人づきあいのよい友人
フランソワ=オーギュスタン・ド・パラディ・ド・モンクリフ

　ノルウェージャンフォレストキャット（ノルウェー語で「スコグカット」）は、アナトリア半島で発見され、8世紀にヴァイキングの船で、ヨーロッパに連れてこられました。船上でねずみを退治するのが使命でした。北欧の過酷な気候にもすぐ適応し、アンダーコートが密生し、被毛が厚くなります。「スカンジナヴィアの妖精」と呼ばれ、13世紀の北欧神話にも登場します。屈強でがっしりした体格をしていることから、愛の女神フレイヤの車をひき、戦神トールでさえ、9kgになるこのねこを持ちあげられなかったとか。20世紀には、数が減り、無法の森をさまよいますが、1977年にようやく純血種として認められ、スタンダード（ねこの血統認定団体によって定められた審査標準）が確立されます。首周り、胸、耳の飾り毛、豊かな毛に覆われた肢、ビーバーのようなしっぽが特徴です。セミロングの毛は、ライラック、チョコレート、シナモン、薄茶色ですが、カラーポイントはありません。優れたハンターで、運動や木に登るのが大好き。とはいえ、マンション暮らしにも適応します。4～5歳で大人になり、やさしく歌うような声で鳴きます。

メインクーン

力強くもやさしい、家の誇りのねこたち

シャルル・ボードレール

　メインクーンは、アメリカ最古のねこ。伝説では、米国東海岸メイン州に住むヤマネコとアライグマの間に誕生したことになっていますが、実際は、中東のアンゴラと土着の短毛種を掛け合わせてできた品種です。1895年、メインの州ねこは、ニューヨークのマディソン・スクエア・ガーデンで開催されたキャットショーで最優秀賞を獲得。しかし、北米で純血種として公認されたのは、1967年でした。

　がっしりした体格のメインクーンは、体重が14kgに達することもあり、腰高で、大きくて長い角型の体に、楔形の頭と大きな目をしています。被毛は単色、タビィ、トータスシェル、シルバー、スモーク、斑で、たてがみがあります。大きな耳には長くて細い毛が、頬にはオオヤマネコのような飾り毛が生え、足の指の間からもふさふさした毛の束が飛び出していて、雪の中を歩く時はかんじきの、泳ぐ時は水かきの役割を果たします。艶やかな毛は、防水性に富むため、泳ぐのも平気。冬の庭を駆け回っても寒くありません。堂々とした体格ですが、性格は温厚で人懐こくて甘えん坊。家にいるのが好きな人にぴったりです。

ねこの健康

我々がねこを選ぶのではない、
ねこが我々を選ぶのだ

ジャック・ローラン

　今日、フランスでは、1070万匹のねこが飼われ、ペット市場の37%を占めています。近年、キャットフードに革命が起きました。年齢と成長段階(成長期、去勢期、妊娠期、授乳期、老齢期)を考慮し、よりバランスの取れたえさになったのです。また、好み、性格、病気(肥満、糖尿病)に応じて工夫もされています。研究所が莫大な投資をしたおかげで、技術革新が進み、獣医学とねこの栄養管理は一変しました。衛生分野でも著しい成長を遂げ、ここ数年、その売上の伸びはキャットフードの3倍以上です。行き届いた手入れのおかげで、ねこの病気は減り、快適な暮らしが保証されるようになりました。その分、ねこと共に生きることは、さらに大きな喜びです。マイクロチップを入れ、ワクチンを打ち、日々獣医がねこの健康の記録を残します。純血種であってもなくても、今日、ねこは、人間にとってかけがえのない存在なのです。

21世紀のねこ

> ねこが私を見つめている［…］。
> その小さな頭に知的な世界が広がっている
>
> ピエール・ロティ

　これまでねこは、変化に対する目覚しい適応力で、人間の賞賛を得てきました。この知的な動物にとっては、適応力こそ、重要な資質。長い歴史の中で、ねこはみずからのテリトリーを何度も見直し、修正してきました。今日、マンションや、もっと狭いワンルームで暮らすねこもいますが、いずれも自分の領域の境界線を引き直し、その中での生活に順応しています。ただし、住まいのいかなる部屋も、すみずみまでアクセスできることが条件です。子どものベッドといえども、例外ではありません。人間による権利の侵害をいっさい認めない点に、ねこの生きる智慧があります。意志の伝達に関して言えば、ねこは、はるかにコミュニケーション上手になりました。家族の一員として愛されるねこは、新たなコミュニケーション手段を獲得したようです。主人をじっと見つめ、わかってもらえるように声のトーンを変え、大丈夫ですかと問いかけます。野生の動物に強いられる制約から遠い昔に解放されたねこは、今ではやさしくなでられ、かわいがられ、愛されるペットとしての地位を確立しています。

参考文献・引用文献

Aulnoy (Madame d'), *La Chatte blanche*, 1697 ; p. 38, 52, 140.
Balzac (Honoré de), « Peines de cœur d'une chatte anglaise », *Scènes de la vie privée et publique des animaux*, 1840-1842 ; p. 64, 142, 148.
Baudelaire (Charles), « L'Horloge », *Petits Poèmes en prose*, 1860 ; p. 92. « Le Chat », *Les Fleurs du mal*, 1861 ; p. 78, 80, 90, 100, 138, 160. « Les Chats », *Les Fleurs du mal*, 1861 ; p. 18, 24, 166.
Carroll (Lewis), *Alice au pays des merveilles*, 1865 ; p. 70.
Champfleury, *Les Chats*, 1868 ; p. 14.
Chateaubriand (François-René de), Lettre au comte de Marcellus datant de 1817 ; p. 42.
Colette, *Les Vrilles de la vigne*, 1908 ; p. 46, 112. *La Paix chez les bêtes*, 1916 ; p. 84. *La Chatte*, 1933 ; p. 98, 124.
« Autres bêtes », *Œuvres complètes*, 1949 ; p. 134, 152.
Du Bellay (Joachim), *Épitaphe d'un chat*, 1558 ; p. 158.
Florian (Claris de), « Le chat et le miroir », *Fables*, 1788 ; p. 82.
Gautier (Théophile), *Ménagerie intime*, 1869 ; p. 32, 122.
Genevoix (Maurice), *Rroû*, 1964 ; p. 36.
Hoffmann (Ernst Theodor Amadeus), *Le Chat Murr*, 1819 et 1821 ; p. 48.
Hue (Jean-Louis), *Le Chat dans tous ses états*, 2000 ;p. 50, 104.
Jammes (Francis), *Le Roman du lièvre*, 1902 ; p. 44.
Kipling (Rudyard), *Le chat qui s'en va tout seul*, 1902 ; p. 94.
Klingsor (Tristan), « Chanson du chat », *Florilège poétique*, 1955 ; p. 56.
La Fontaine (Jean de), « Le Cochet, le Chat et le Souriceau » ; p. 108. « Le Chat, la Belette et le Petit Lapin », *Fables*, 1664-1694 ; p. 62.
Laurent (Jacques), *Les Bêtises*, 1971 ; p. 168.
Lemaître (Jules), « À mon chat », *Les Médaillons*, 1896 ; p. 20.
Lorenz (Konrad), *Tous les chiens, tous les chats*, 1950 ; p. 106, 136.
Lorrain (Jean), *Le Chat de Babaud Monnier*, 1903 ; p. 34.
Loti (Pierre), *Vies de deux chattes*, 1907 ; p. 144, 150, 156, 170.
Maupassant (Guy de), *Sur les chats*, 1886 ; p. 12.
Méry (Fernand), *Le Chat*, 1966 ; p. 16.
Méry (Joseph), dans *Correspondance* de Victor Hugo, 1836-1882 et 1898 ; p. 74.
Mirbeau (Octave), *Dingo*, 1913 ; p. 72.
Montaigne (Michel de), *Essais*, 1580 ; p. 22
Morris (Desmond), *Le Chat révélé*, 1989 ; p. 118.
Neruda (Pablo), « Ode au chat », *Le Quatrième Livre des odes*, 1954 ; p. 88, 162.
Paradis de Moncrif (François-Augustin de), *Histoires des chats*, 1727 ; p. 58, 68, 146, 164.
Perrault (Charles), « Le Chat botté », *Contes de ma mère l'Oye*, 1697 ; p. 54.
Rollinat (Maurice), « Le chat », *Les Névroses*, 1883 ; p. 26.
Rostand (Edmond), « Le Petit chat », *Les Musardises*, 1911 ; p. 116.
Taine (Hippolyte), *Vie et Opinions philosophiques d'un chat*, 1858 ; p. 66, 102, 114.
Zola (Émile), « Le Paradis des chats », *Nouveaux Contes à Ninon*, 1874 ; p. 132.

LE PETIT LIVRE DES CHATS

© 2011, Editions du Chêne – Hachette Livre.
All rights reserved.

Textes : Brigitte Bulard-Cordeau

Responsable éditoriale : Nathalie Bailleux
avec la collaboration de Franck Friès
Suivi éditorial : Marie Marin
Directrice artistique : Sabine Houplain
Lecture-correction : Myriam Blanc
Ventes directes et partenariats : Claire Le Cocguen
Mise en page et photogravure : CGI

This Japanese edition was produced and published in
Japan in 2016
by Graphic-sha Publishing Co., Ltd.
1-14-17 Kudankita, Chiyodaku,
Tokyo 102-0073, Japan

Japanese translation © 2016 Graphic-sha Publishing Co., Ltd.

Japanese edition creative staff
Translation: Kei Ibuki
Text layout and cover design: Rumi Sugimoto
Editor: Masayo Tsurudome
Publishing coordinator: Takako Motoki
(Graphic-sha Publishing Co., Ltd.)

ISBN 978-4-7661-2897-0-C0076
Printed in China

―――― シリーズ本も好評発売中！ ――――

きのこ　　天使　　とり

バラ　　魔女　　薬草

月　　子ねこ　　花言葉

マリー・アントワネット　　おとぎ話　　占星術

クリスマス
 フランスの食卓
 幸運を呼ぶもの

 野に咲く草花

著者プロフィール

ブリジット・ビュラール＝コルドー

ジャーナリスト、作家、『Chat magazine』の編集長。『Atout chat』の他、『Le Chat en 300 questions/réponses』(Delachaux et Nietslé社)、『Mes belles histoires de chat』『Une raison par jour d'aimer les chats』(共にChêne社)など、約60冊の書籍を執筆。パリ在住。

本書のすべての画像は、Albert Van den Bosch(www.collectomania.be)のプライベートコレクションです。

ちいさな手のひら事典 ねこ

2016年5月25日 初版第1刷発行
2025年5月25日 初版第9刷発行

著者	ブリジット・ビュラール＝コルドー(© Brigitte Bulard-Cordeau)
発行者	津田淳子
発行所	株式会社グラフィック社
	102-0073 東京都千代田区九段北1-14-17
	Phone:03-3263-4318　Fax:03-3263-5297
	https://www.graphicsha.co.jp

制作スタッフ
翻訳：いぶき けい
組版・カバーデザイン：杉本瑠美
編集：鶴留聖代
制作・進行：本木貴子(グラフィック社)

◎ 乱丁・落丁はお取り替えいたします。
◎ 本書掲載の図版・文章の無断掲載・借用・複写を禁じます。
◎ 本書のコピー、スキャン、デジタル化等の無断複製は著作権法上の例外を除き禁じられています。
◎ 本書を代行業者等の第三者に依頼してスキャンやデジタル化することは、たとえ個人や家庭内であっても、著作権法上認められておりません。

ISBN978-4-7661-2897-0 C0076
Printed and bound in China